本書の特色と使い方

この本は，算数の文章問題と図形問題を集中的に学習できる画期的な問題集です。苦手な人も，さらに力をのばしたい人も，１日１単元ずつ学習すれば30日間でマスターできます。

1 例題と「ポイント」で単元の要点をつかむ

各単元のはじめには，空所をうめて解く例題と，そのために重要なことがら・公式を簡潔にまとめた「**ポイント**」をのせています。

2 反復トレーニングで確実に力をつける

数単元ごとに習熟度確認のための「**まとめテスト**」を設けています。解けない問題があれば，前の単元にもどって復習しましょう。

3 自分のレベルに合った学習が可能な進級式

学年とは別の級別構成(12級～１級)になっています。「**進級テスト**」で実力を判定し，選んだ級が難しいと感じた人は前の級にもどり，力のある人はどんどん上の級にチャレンジしましょう。

4 巻末の「答え」で解き方をくわしく解説

問題を解き終わったら，巻末の「**答え**」で答え合わせをしましょう。「**とき方**」で，特に重要なことがらは「**チェックポイント**」にま

ながら学習を進めることができます。

文章題・図形 **7級**

本書に関する最新情報は，当社ホームページにある本書の「サポート情報」をご覧ください。(開設していない場合もございます。)

➡答えは 65 ページ　月　日

正方形・長方形の面積（1）

|辺(ぺん)が 4 cm の正方形の面積(めんせき)は何 cm^2 ですか。

| cm^2 の正方形が何こ入っているかを考えて，

①［　］×4 = ②［　］(cm^2)

| cm　| cm^2　| cm

4cm　4cm

ポイント
正方形の面積＝|辺×|辺
長方形も同じように正方形が何こ入っているかを考えて，
長方形の面積＝たて×横

1 次の図形の面積は何 cm^2 ですか。ただし，| 目もりを | cm とします。

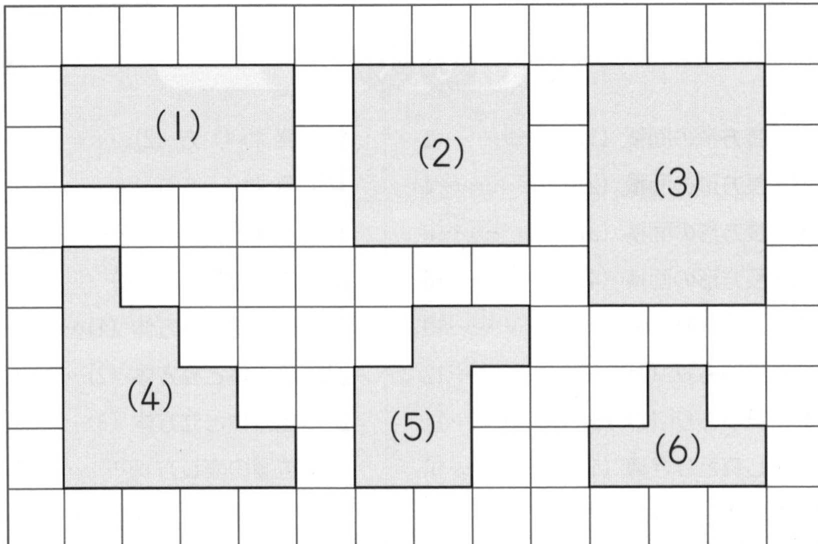

(1)［　］　(2)［　］　(3)［　］

(4)［　］　(5)［　］　(6)［　］

2 次の正方形や長方形の面積を求(もと)めなさい。

(1)

9cm

9cm

(2)

15cm

7cm

⑶ 1辺が 8 cm の正方形

⑷ たてが 9 cm，横が 12 cm の長方形

3 次の問いに答えなさい。

⑴ たての長さが 4 cm，面積が 20 cm² の長方形があります。この長方形の横の長さは何 cm ですか。

⑵ 面積が 36 cm² である正方形の 1 辺の長さは何 cm ですか。

⑶ まわりの長さが 28 cm である正方形の面積は何 cm² ですか。

➡答えは 65 ページ　月　日

2日 正方形・長方形の面積（2）

15 a は何 m^2 ですか。

1 a は 1 辺が 10 m の正方形の面積で

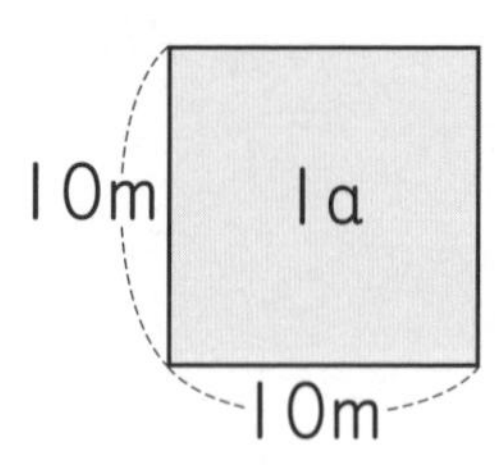

10×10=［①］(m^2) だから，15 a は

15×［①］=［②］(m^2)

面積を表す単位には cm^2 以外に m^2(へいほうメートル)，km^2(へいほうキロメートル)，a(アール)，ha(ヘクタール)などがあります。

1 a=100 m^2，1 ha=100 a=10000 m^2，
1 km^2 = 1000000 m^2

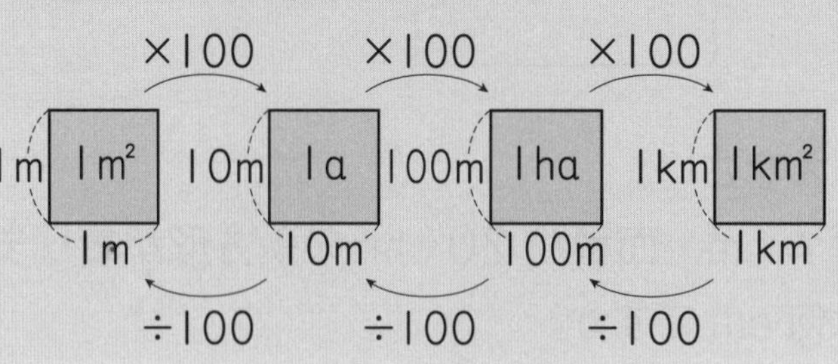

1 次の［　］にあてはまる数を書きなさい。

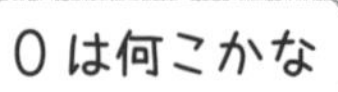

(1) 1 m^2 は 1 辺が［①］m の正方形の面積です。

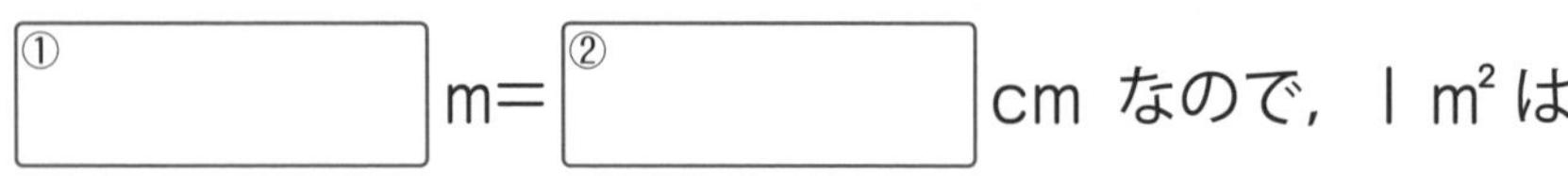

［①］m=［②］cm なので，1 m^2 は

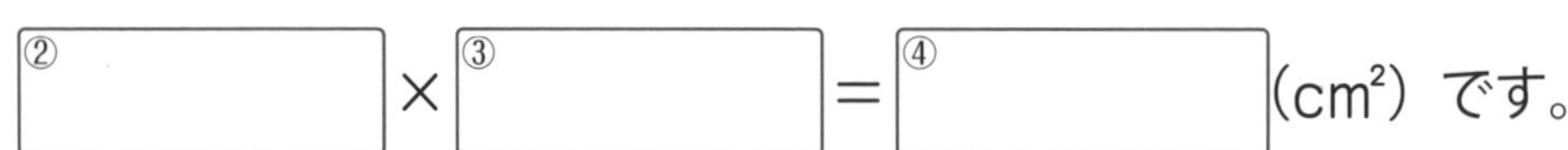

［②］×［③］=［④］(cm^2) です。

(2) 1 ha は 1 辺が［①］m の正方形の面積で，

［①］×［②］=［③］(m^2) です。

2 次の問いに答えなさい。

⑴ 3 m^2 は何 cm^2 ですか。

⑵ 40000 cm^2 は何 m^2 ですか。

⑶ 7500 m^2 は何 a ですか。

⑷ 80 ha は何 a ですか。

⑸ 3 km^2 は何 ha ですか。また，何 m^2 ですか。

①　②

3 次の長方形，正方形の面積を（　）の単位で求(もと)めなさい。

⑴ 1 辺が 80 m の正方形　(a)

⑵ たて 2 km，横 3 km の長方形　(ha)

⑶ たて 400 cm，横 50 cm の長方形　(m^2)

⑷ たて 600 m，横 1200 m の長方形　(ha)

➡答えは 65 ページ　月　日

3日 正方形・長方形の面積（3）

次の図の長方形や正方形で□にあてはまる数を求(もと)めなさい。

(1) 長方形　　　　(2) 正方形

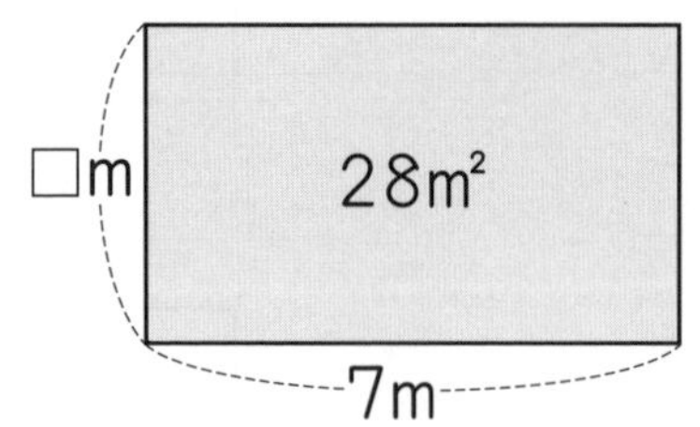

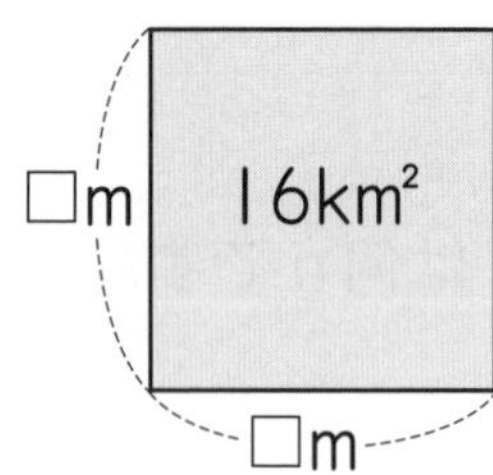

(1) 1 m² は 1 m×1 m なので，たての長さは，

①□÷7＝②□(m)

(2) 1 km² は 1 km×1 km なので，16 km² は，

③□km×③□km

1 km は 1000 m なので，16 km² は，

④□m×④□m

ポイント 長方形のたての長さ＝面積(めんせき)÷横の長さ

1 次の問いに答えなさい。

(1) 面積が 49 km² の正方形があります。この正方形の 1 辺(ぺん)の長さは何 km ですか。

□

(2) 面積が 144 m²，たての長さが 18 m の長方形があります。この長方形の横の長さは何mですか。

□

2 次の問いに答えなさい。

(1) １辺が５mの正方形の面積は何m^2ですか。

(2) 面積が75m^2で，横の長さがたての長さの３倍の長方形があります。この長方形の横の長さは何mですか。

図をかいて考えてみよう。

3 まわりの長さが32mの正方形があります。

(1) １辺の長さは何mですか。

(2) この正方形と同じ面積の長方形があります。長方形の横の長さは16mです。たての長さを求めなさい。

4 まわりの長さが180mの長方形があります。たての長さは30mです。

(1) 横の長さは何mですか。

(2) 長方形の面積は何aですか。

➡答えは 66 ページ　月　日

4日 正方形・長方形の面積（4）

右の図形の面積を求めなさい。

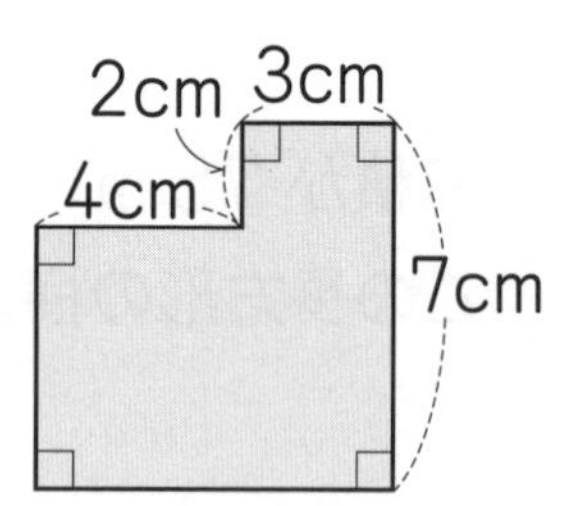

(1) 2 つの長方形に分けて求めます。

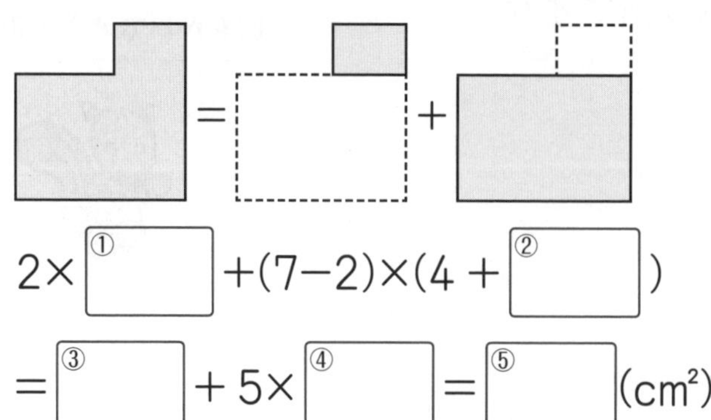

2×［①　］+(7−2)×(4 +［②　］)

=［③　］+ 5×［④　］=［⑤　］(cm²)

(2) 大きい正方形から欠けている部分をひいて求めます。

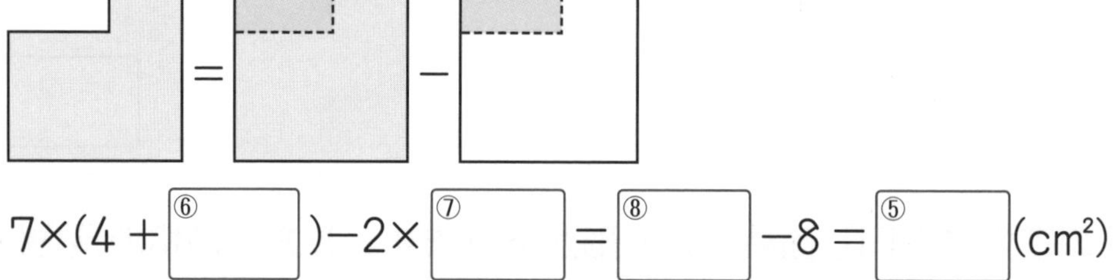

7×(4 +［⑥　］)−2×［⑦　］=［⑧　］−8 =［⑤　］(cm²)

ポイント いろいろな図形の面積は，いくつかの長方形に分けたり，大きい長方形(正方形)から欠けている部分をひいて求めます。

1 次の図形の面積を求めなさい。

(1)

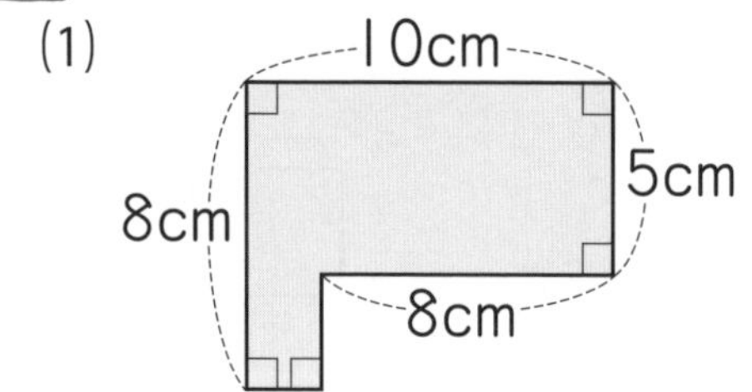

［　　　］

(2)

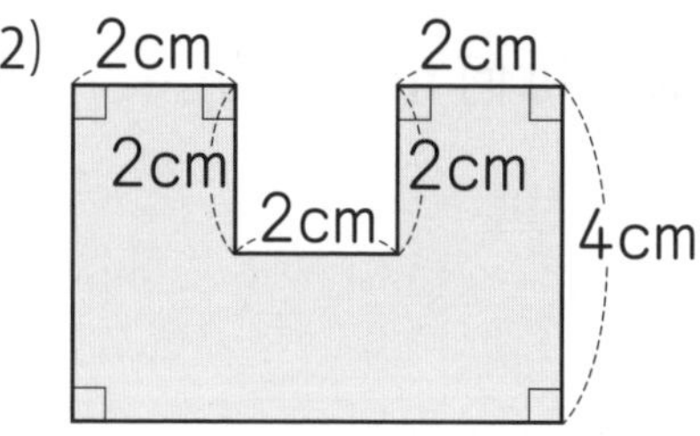

［　　　］

2 次の図形の色のついた部分の面積を求めなさい。

(1)

(2) 白い四角形は１辺が２cmの正方形

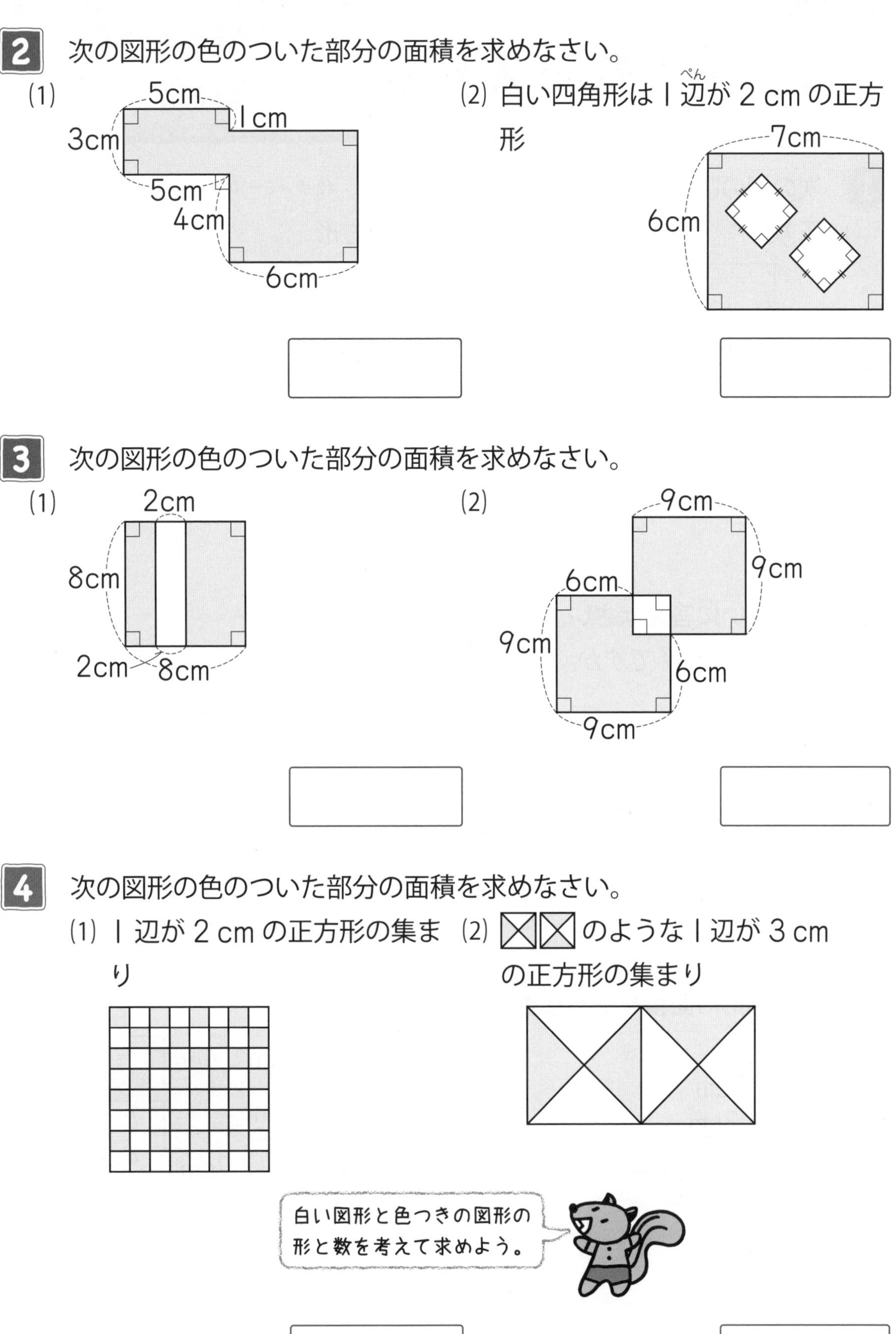

3 次の図形の色のついた部分の面積を求めなさい。

(1)

(2)

4 次の図形の色のついた部分の面積を求めなさい。

(1) １辺が２cmの正方形の集まり

(2) ⊠⊠のような１辺が３cmの正方形の集まり

まとめテスト (1)

➡答えは 66 ページ

月　日

時間 20分 【はやい15分･おそい25分】　得点

合格 80点　点

❶ 次の図の□にあてはまる数を答えなさい。（5 点× 2―10 点）

(1) 正方形

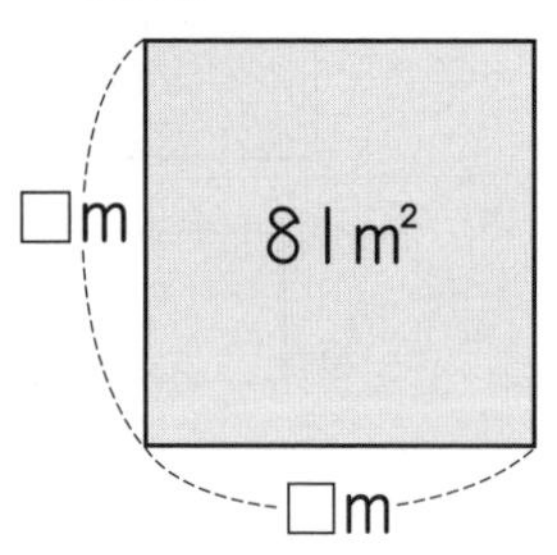

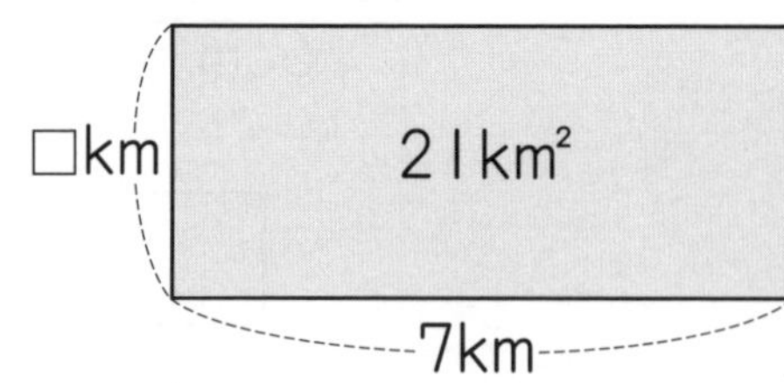

❷ 次の問いに答えなさい。（5 点× 2―10 点）

(1) 2 m² は何 cm² ですか。

(2) 2500 m² は何 a ですか。

❸ 次の図形の面積（めんせき）を求（もと）めなさい。（8 点× 2―16 点）

(1)

3cm
3cm
3cm
3cm
3cm

(2)

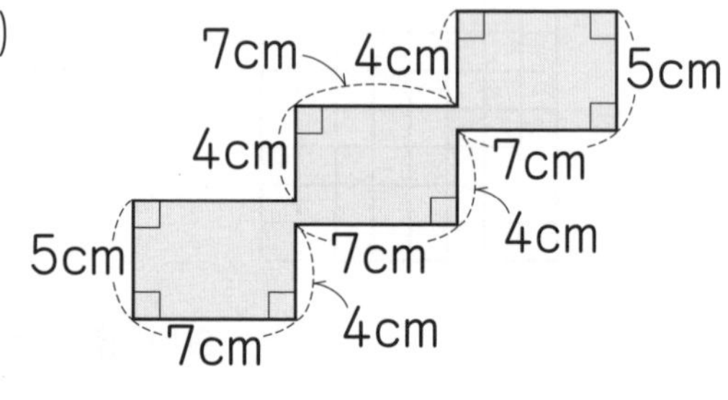

4 横の長さが 8 cm，面積が 56 cm^2 の長方形があります。この長方形のたての長さは何 cm ですか。(8 点)

5 次の正方形，長方形の面積を(　)の単位(たんい)で答えなさい。(9 点× 2―18 点)

(1) まわりの長さが 20 m の正方形の面積　(m^2)

(2) たてが 300 m，横が 400 m の長方形の面積　(ha)

6 まわりの長さが 200 m の長方形があります。横の長さは 40 m です。

(9 点× 2―18 点)

(1) たての長さは何mですか。

(2) 長方形の面積は何 a ですか。

7 次の図形の色のついた部分の面積を求めなさい。(10 点× 2―20 点)

(1)

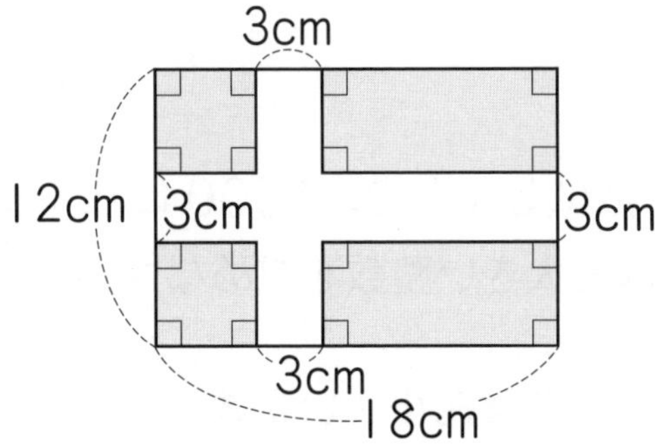

3cm

12cm

3cm

3cm

3cm

18cm

(2) 1 辺(ぺん)が 12 cm の正方形3つが重なった図形

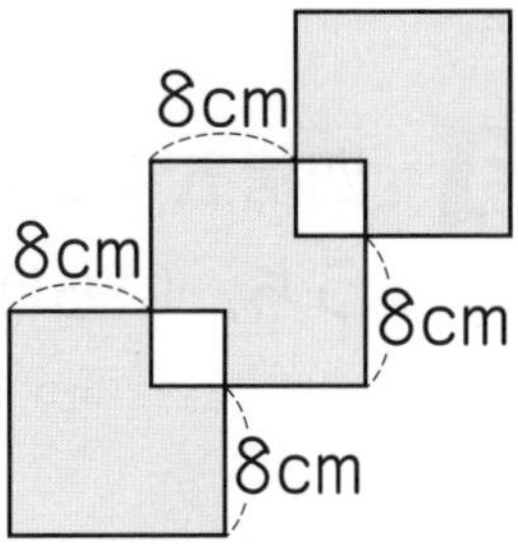

8cm

8cm

8cm

8cm

➡答えは 67 ページ　月　日

6日 がい数と見積もり（1）

一の位(くらい)を四捨五入(ししゃごにゅう)して，320 になる整数をすべて書きなさい。

一の位を切り上げるいちばん小さい数は5なので，[①]がいちばん小さい整数です。
一の位を切り捨(す)てるいちばん大きい数は4なので，いちばん大きい整数は[②]になります。よって，答えは，[①]，316，317，318，319，320，321，322，[③]，[②]です。

ポイント 四捨五入とは，求(もと)めようとする位の1つ下の位の数が0～4ならば切り捨て，5～9ならば切り上げることです。

1 一の位を四捨五入して，500 になる整数をすべて書きなさい。

[　　　]

2 十の位を四捨五入して，4000 になる整数のうち，いちばん大きい整数を求めなさい。

[　　　]

3 四捨五入して上から2けたのがい数にしたとき，6500 になる整数のうち，いちばん小さい整数といちばん大きい整数を求めなさい。

いちばん小さい整数 [　　　]

いちばん大きい整数 [　　　]

4 ある整数の百の位以下を切り上げて，千の位までのがい数にしたところ，14000 になりました。ある整数のうちいちばん小さい整数を求めなさい。

5 ある整数を四捨五入して，上から3けたまでのがい数にしようとしたところ，まちがえて，上から4けたまでのがい数にしてしまい，234700 になってしまいました。

(1) 上から4けたまでのがい数にしたとき，234700 になる数でいちばん小さい整数といちばん大きい整数を求めなさい。

いちばん小さい整数

いちばん大きい整数

(2) 正しい答えを求めなさい。

6 ある整数の十の位を四捨五入したところ，4000 になりました。

(1) ある整数は何こあると考えられますか。

いちばん大きい整数からいちばん小さい整数をひいて1をたせばこ数がわかるよ。

(2) ある整数は，(1)のいちばん小さい整数から数えて 31 番目の整数でした。ある整数を求めなさい。

➡答えは 67 ページ　月　日

がい数と見積もり (2)

(1) A 町の人口は 3254 人で，B 町の人口は 6823 人です。2 つの町の人口を四捨五入(ししゃごにゅう)して，合計を千の位(くらい)までのがい数で求(もと)めなさい。

千の位までのがい数にしてから，たし算をします。

3254 → 3000，6823 → ①

3000+ ① = ② (人)　　およそ ② 人

(2) 小学校全員の 711 人が 1980 円の運動ぐつを買うことになりました。全員ではらう金がくを四捨五入して，上から 1 けたのがい数にしてから，答えを見積(みつ)もりなさい。

上から 1 けたのがい数にしてから，かけ算をします。

711 → ③ ，1980 → 2000

2000× ③ = ④ (円)　　およそ ④ 円

ポイント 計算する前にそれぞれの位までのがい数にします。

1 サッカーの試合(しあい)の観客者数(かんきゃくしゃすう)は 45382 人で，野球の試合の観客者数は 34587 人でした。観客者数を四捨五入して，合計を千の位までのがい数で求めなさい。

2 1 こ 3890 円の商品が 824 こ売れました。売上合計はおよそ何円ですか。四捨五入して，上から 1 けたのがい数にして見積もりなさい。

3 まさきさんは１歩 63 cm の歩はばで，姉は１歩 54 cm の歩はばで歩きます。

(1) まさきさんは家から公園まで，523 歩で歩きました。家から公園までの道のりは何mですか。四捨五入して，上から１けたのがい数にして見積もりなさい。

(2) 姉は家から本屋まで，658 歩で歩きました。家から本屋までの道のりは何mですか。四捨五入して，上から１けたのがい数にして見積もりなさい。

(3) 家から公園までと家から本屋までは，どちらの方がどれだけ遠いですか。(1)，(2)の結果(けっか)を使って，十の位までのがい数で答えなさい。

4 A 工場の１か月の生産(せいさん)こ数は百の位を四捨五入すると，78000 こです。B 工場の１か月の生産こ数は百の位を四捨五入すると，63000 こです。

(1) A 工場の生産こ数は，もっとも多いとすると何こですか。

(2) B 工場の生産こ数は，もっとも少ないとすると何こですか。

(3) A 工場とB工場の生産こ数の差(さ)が，もっとも小さいとすると何こですか。

差がもっとも小さいときは，
どんなときか考えてみよう。

➡答えは 68 ページ　月　日

8日 分数のたし算とひき算（1）

家から図書館までの道のりは $\frac{4}{5}$ km あります。また図書館から公園までの道のりは $\frac{2}{5}$ km あります。

⑴ 家から公園までの道のりは何 km ありますか。

$$\frac{①\square}{5}+\frac{2}{5}=\frac{①\square+2}{5}=\frac{②\square}{5}\text{(km)}$$

⑵ 家から図書館までと，図書館から公園までの２つの道のりの差（さ）は何 km になりますか。

$$\frac{4}{5}-\frac{③\square}{5}=\frac{4-③\square}{5}=\frac{④\square}{5}\text{(km)}$$

ポイント 分数のたし算とひき算は，分母はそのままにして分子だけをたしたりひいたりします。

1 父は毎日ジョギングをしています。昨日（きのう）は $\frac{3}{11}$ km，今日は $\frac{5}{11}$ km 走りました。

⑴ 昨日と今日で走った道のりの和は何 km ですか。

□

⑵ 昨日と今日で走った道のりの差は何 km ですか。

□

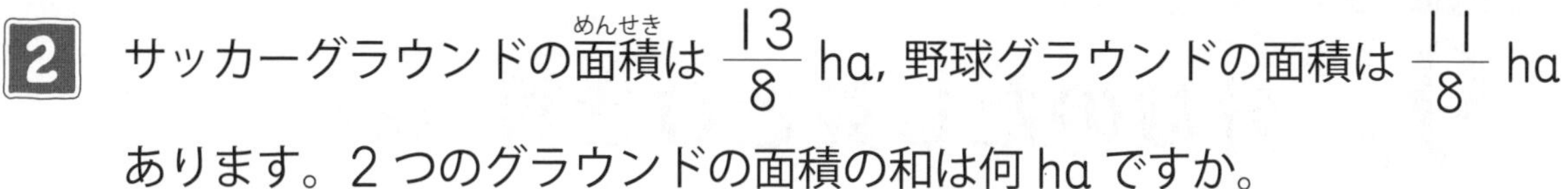

2 サッカーグラウンドの面積（めんせき）は $\frac{13}{8}$ ha，野球グラウンドの面積は $\frac{11}{8}$ ha あります。2 つのグラウンドの面積の和は何 ha ですか。

3 水が入ったペットボトルが 2 本あります。2 本のペットボトルの水をたすと $\frac{6}{7}$ L になります。水が少ない方のペットボトルを $\frac{1}{7}$ L とすると，水が多い方のペットボトルは何 L になりますか。

4 まみさんは両親といっしょにレストランへ行きました。そのレストランでは，スープの飲み放題のサービスをしていました。スープは最初（さいしょ），ある一定の量（りょう）ありました。まみさんは，スープを $\frac{1}{7}$ L 自分の皿に入れました。また，父は $\frac{3}{7}$ L，母は $\frac{2}{7}$ L 自分の皿に入れました。しばらくすると，店員さんがスープを $\frac{4}{7}$ L つぎたしたので，スープの量は $\frac{6}{7}$ L になりました。最初のスープの量は何 L ですか。

最後のスープの量からぎゃく算してみると，わかりやすいよ。

➡答えは 68 ページ　月　日

9日 分数のたし算とひき算（2）

兄の身長は $1\frac{5}{9}$ m，姉の身長は $1\frac{4}{9}$ m，弟の身長は $\frac{11}{9}$ m です。

(1) 兄と弟の身長の和は何mですか。

帯分数（たいぶんすう）のまま計算すると，

$$1\frac{5}{9}+\boxed{①}=1\frac{5}{9}+1\frac{\boxed{②}}{9}=2\frac{\boxed{③}}{9}\text{(m)}$$

仮分数（かぶんすう）になおして計算すると，

$$1\frac{5}{9}+\frac{11}{9}=\frac{\boxed{④}}{9}+\frac{11}{9}=\frac{\boxed{⑤}}{9}\text{(m)}$$

(2) 兄と姉の身長の和は何mですか。

$$1\frac{\boxed{⑥}}{9}+1\frac{4}{9}=2\frac{\boxed{⑦}}{9}=\boxed{⑧}\text{(m)}$$

ポイント 帯分数をふくむ分数のたし算，ひき算は，帯分数のままでも，仮分数になおしても計算できます。

1 紅茶（こうちゃ）が $3\frac{5}{7}$ L，トマトジュースが $2\frac{2}{7}$ L あります。

(1) 2 つの和は何Lですか。

(2) どちらが何L多いですか。

2 白いテープが5mあります。そのテープを$\frac{9}{7}$m使いました。

(1) テープは何m残(のこ)っていますか。

(2) さらに$2\frac{3}{7}$m使いました。残りは何mありますか。

3 ある数に$1\frac{5}{11}$をたすところを，まちがえてひいてしまったので，答えは$3\frac{9}{11}$になりました。

(1) ある数を求(もと)めなさい。

(2) 正しい答えを求めなさい。

4 5年生の1組，2組，3組にそれぞれ花だんが2m^2，$1\frac{3}{4}$$m^2$，$2\frac{2}{4}$$m^2$わりあてられています。

(1) 1組と2組，1組と3組，2組と3組のそれぞれの和のうち，もっとも大きいのは何m^2ですか。

(2) 各組の差(さ)のうち，もっとも大きいのは何m^2ですか。

大一小，大一中，中一小のどれがもっとも大きいかな？

まとめテスト (2)

➡答えは 69 ページ

月　日

時間 20分 【はやい15分・おそい25分】　得点

合格 80点　点

❶ ある整数の十の位を四捨五入したところ，3700 になりました。

(10 点× 2—20 点)

(1) ある整数のうち，いちばん大きい整数を求めなさい。

(2) ある整数のうち，いちばん大きい整数といちばん小さい整数の差を求めなさい。

❷ A工場の工員 145 人は，1 か月で 80563 この商品を生産しました。また，B 工場の工員 135 人は，1 か月で 69524 この商品を生産しました。(10 点× 2—20 点)

(1) A 工場の工員は，1 人あたり 1 か月でおよそ何この商品を生産しましたか。四捨五入して，上から 2 けたのがい数にして見積もりなさい。

(2) B 工場の工員は，1 人あたり 1 か月でおよそ何この商品を生産しましたか。四捨五入して，上から 2 けたのがい数にして見積もりなさい。

❸ はづきさんのクラスの 38 人が電車で遠足に行くことになりました。電車代は 1 人 580 円です。全員の電車代は，およそ何円になりますか。四捨五入して，上から 1 けたのがい数にして見積もりなさい。(10 点)

4 ある整数を四捨五入して，上から２けたのがい数にしたところ，64000になりました。ある整数のうち，いちばん小さい整数といちばん大きい整数の和を求めなさい。（10点）

5 ある数から $\frac{5}{9}$ をひくところを，まちがえてたしてしまったので，答えは $2\frac{4}{9}$ になりました。（10点×2—20点）

(1) ある数を求めなさい。

(2) 正しい答えを求めなさい。

6 白いテープが $2\frac{2}{5}$ m，赤いテープが $3\frac{3}{5}$ m，青いテープが $2\frac{4}{5}$ m，黒いテープが $4\frac{1}{5}$ mあります。（10点×2—20点）

(1) どのテープとどのテープをはり合わせると，いちばん長いテープになりますか。その長さを求めなさい。のりしろは考えないものとします。

(2) どのテープとどのテープの差がいちばん小さいですか。また，その差は何mですか。

➡答えは 69 ページ　月　日

小数のかけ算

|本0.9L入りの紙パックのジュースがあります。このジュースを6本買うと，ジュースは全部で何Lになりますか。

全体の量（りょう）＝|本分の量×本数 より，ジュースの量は全部で，

①［　　］×6＝②［　　］(L)

ポイント 小数でも，整数と同じようにかけ算ができます。

1 |mの重さが0.3kgのプラスチックのぼうがあります。このぼう9mの重さは何kgですか。

［　　　　］

2 たてが5.4cm，横が6cmの長方形があります。この長方形の面積（めんせき）は何cm^2ですか。

［　　　　］

3 |つのふくろにお米が3.2kg入っています。43ふくろではお米は何kgになりますか。

［　　　　］

4 １つのかんにペンキが 1.8 L 入っています。

(1) １ダースのかんでは，ペンキの合計は何 L になりますか。

(2) 75 かんでは，ペンキの合計は何 L になりますか。

5 毎日 3.7 km のジョギングをします。4 週間では何 km 走ることになりますか。

6 １分間で 5.6 L の水をすい上げるポンプがあります。１時間 23 分では何 L の水をすい上げることになりますか。

7 右の図のように１まいが 7.2 cm の紙を３まいはりつけました。のりしろの部分は 0.7 cm です。全体の長さは何 cm になりますか。

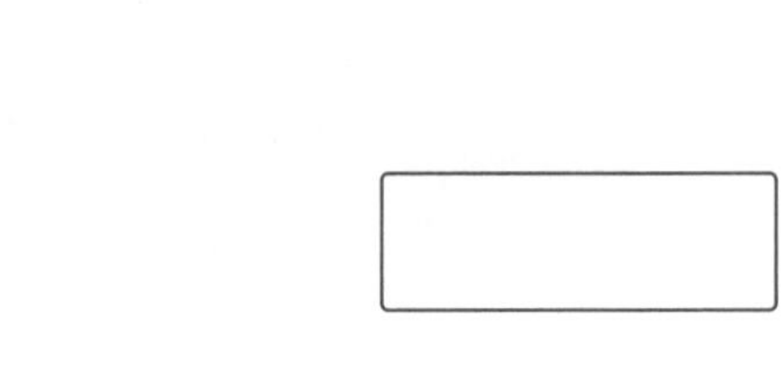

➡答えは 70 ページ　月　日

12日 小数のわり算 (1)

(1) 横の長さが 8 cm，面積が 4.8 cm^2 の長方形があります。この長方形のたての長さは何 cm ですか。

長方形のたての長さ＝面積÷横の長さ

① ÷8＝ ② (cm)

(2) 横の長さが 4 cm，面積が 2 cm^2 の長方形があります。この長方形のたての長さは何 cm ですか。

2÷ ③ ＝ ④ (cm)

小数でも，整数と同じようにわり算ができます。
わる数>わられる数のときも，小数で答えることができます。

1 アイスクリーム 3.2 kg を 8 人で等しく分けます。1 人分は何 kg になりますか。

2 86.1 a の畑をたがやします。

(1) 3 人で等しくたがやします。1 人は何 a たがやせばよいですか。

(2) 7 日間で等しくたがやします。1 日に何 a たがやせばよいですか。

3 リボン２ｍを５人で等しく分けます。１人分は何ｍになりますか。

4 17.5ｍのぼうを25人で等しく分けます。１人分は何ｍになりますか。

5 水26.4Ｌを33人で等しく分けるつもりでしたが，1.65Ｌ残(のこ)ってしまいました。１人分は何Ｌになりましたか。

6 ある小数に７をかける計算を，まちがえて７でわってしまったので，答えが14.7になりました。

(1) ある小数を求(もと)めなさい。

(2) 正しい答えを求めなさい。

7 33kgのすなを55人で等しく運ぶ予定でしたが，55人のうち３人が１人1.64kgずつ運んでしまいました。残りのすなを等しく分けて運ぶには，１人分は何kgになりますか。

52人が運ぶすなの量(りょう)がわかれば，答えが出せそうだね。

➡答えは 70 ページ　月　日

13日 小数のわり算 (2)

長さが 61.2 m のリボンがあります。

(1) このリボンから，1 本 7 m のリボンは何本とれて，何mあまりますか。

61.2÷7=①□(本)あまり②□(m)

(2) このリボンを 8 人で等しく分けます。1 人分は何mになりますか。

わり切れるまで，わり算をします。　61.2÷8=③□(m)

小数のわり算で，答えが整数でしか表せないとき，わり算は一の位(くらい)までして，小数であまりを出します。

1 31.5 L の水を分けようと思います。

(1) 1 本 2 L のペットボトルに分けて入れていくと，何本できて，何 L あまりますか。

□

(2) 6 人で等しく分けるとすると，1 人分は何 L になりますか。

□

2 面積(めんせき)が 30.4 cm^2 の長方形があります。

(1) たての長さが 8 cm のとき，横の長さは何 cm になりますか。

□

(2) 横の長さを，(1)で答えた横の長さにもっとも近い整数にしました。このとき，たての長さは何 cm になりますか。

□

3 工作の時間にねん土細工をすることになりました。ねん土は全部で7.92 kg あります。これをクラスの 33 人で等しく分けます。

(1) 1 人分は何 kg になりますか。

(2) 3 人休んでいることに気づきました。みんなで等しく分けるとすると，1 人分は何 kg になりますか。

4 6 kg の牛肉を等しく分けようと思います。

(1) 8 人で等しく分けるとき，1 人分は何 kg になりますか。

(2) 0.8 kg を 1 人分として，1 つのふくろにつめます。ふくろはいくつできて，牛肉は何 kg あまりますか。

5 ある小数に 8 をかける計算を，まちがえて 8 でわってしまったので，答えは 4.12 になりました。

(1) 正しい答えを求(もと)めなさい。

(2) (1)の答えを 3 以上の整数でわるとわり切れる整数がいくつかあります。そのなかでもっとも小さい整数を求めなさい。

(1)の答えを 3 から順(じゅん)にわってみよう。

➡答えは 70 ページ　月　日

小数のわり算 (3)

(1) 4.7 L のお茶を 6 等分して水とうに入れようと思います。1 人分はおよそ何 L になりますか。答えは四捨五入(ししゃごにゅう)して，上から 1 けたのがい数で求(もと)めなさい。

①[　] ÷ ②[　] ＝0.78……　　およそ ③[　] L

ポイント　上から 1 けたのがい数で求めるときは，上から 2 けた目までわり算をして，その位(くらい)を四捨五入します。

(2) ㋐のグラウンドの広さは，㋑のグラウンドの広さの何倍ですか。

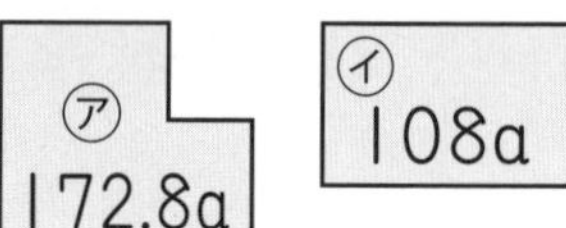

④[　] ÷108＝ ⑤[　] (倍)

ポイント　何倍かを表すときも，小数のわり算が使えます。

1 さとうが 22.4 kg，塩(しお)が 8 kg あります。

(1) さとう 22.4 kg を 6 人で等しく分けます。1 人分はおよそ何 kg になりますか。答えは四捨五入して，上から 1 けたのがい数で求めなさい。

[　　　　]

(2) さとうは，塩の何倍ありますか。

2 5.6 L の牛にゅうを 33 人で等しく分けると，1 人分はおよそ何 L になりますか。答えは四捨五入して，小数第一位(い)までのがい数で求めなさい。

[　　　　]

3 ひろさんは 54.6 m を 84 歩で，姉は 68.8 m を 96 歩で歩きました。

(1) ひろさんの１歩の歩はばは何mですか。

(2) 姉の１歩の歩はばはおよそ何mですか。四捨五入して，上から２けたのがい数で求めなさい。

(3) ひろさんが 252 歩で歩くきょりと姉が 192 歩で歩くきょりでは，どちらの方がどれだけ長いですか。

4 Aの車は 35 L のガソリンで 992 km 走りました。Bの車は 40 L のガソリンで 1183 km 走りました。

(1) A，Bの車は，それぞれガソリン１Lで，およそ何 km 走りましたか。答えは四捨五入して，小数第一位までのがい数で求めなさい。

A　　　　B

(2) A，Bの車のうち，ガソリン１Lでより長いきょりを走る方の車を選(えら)び，50 L のガソリンを入れて走らせました。何 km 走りましたか。

いつも，がい数で計算するとはかぎらないよ。

まとめテスト (3)

➡答えは 71 ページ

1 たての長さが 12 cm，面積が 9 cm^2 の長方形があります。この長方形の横の長さは何 cm ですか。（8点）

2 お米が 26.7 kg あります。これを 3 kg ずつふくろに入れていくとき，何ふくろできて，何 kg あまりますか。（8点）

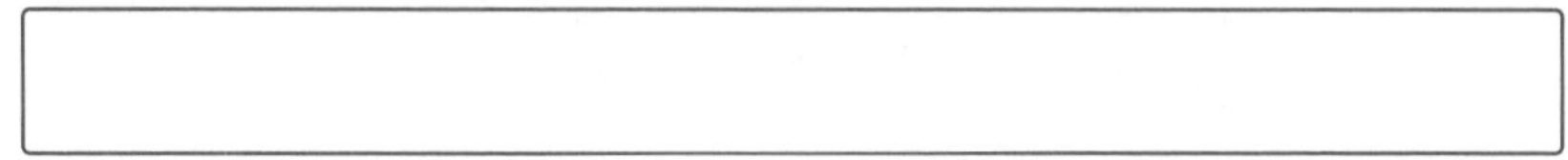

3 3 L のジュースを 9 本のペットボトルに分けます。同じ量ずつ分けると，1 本分はおよそ何 L になりますか。答えは四捨五入して，上から 2 けたのがい数で求めなさい。（10点）

4 1.8 L の灯油が入っているよう器が 6 こあります。灯油をいくらか使ったところ，残りが 36 dL になりました。使った灯油は何 L ですか。

（10点）

5 9.7 L のトマトジュースを 13 人で同じ量ずつ分けると，8.6 dL 残りました。1 人分のトマトジュースの量は何 L になりますか。（10点）

6 みきさんとtoしえさんとなおさんの３人がソフトボール投げをしました。みきさんは 24 m 投げ，としえさんはみきさんの 1.2 倍投げました。また，なおさんは，としえさんより 0.9 m 近くに投げました。なおさんは何m投げましたか。（10 点）

7 兄と姉とかおるさんが体重をはかりました。兄の体重は 40 kg でした。姉の体重は兄の体重の 0.8 倍で，かおるさんの体重は姉の体重の 0.7 倍でした。かおるさんの体重は何 kg でしたか。（10 点）

8 チーズケーキ５こと 80.6 g のチョコレートケーキ３こを 23.4 g の箱に入れたとき，全体の重さは 592.2 g です。チーズケーキ１この重さは何 g ですか。（10 点）

9 右の図のように１まいが 9.8 cm の紙を５まいはりつけました。のりしろの部分はすべて 9 mm です。全体の長さは何 cm になりましたか。（12 点）

9.8cm
9mm

10 ガソリン１L で 14 km 走る自動車があります。この自動車で 137.2 km 走ったとき，28.6 L のガソリンが残っていました。はじめに自動車に入っていたガソリンは何Lでしたか。（12 点）

➡答えは 72 ページ　月　日

16日 変わり方(1)

まわりの長さが 12 cm の長方形のたての長さを○ cm，横の長さを□ cm として，たての長さと横の長さの関係(かんけい)を調べました。

(1) たての長さを 1 cm，2 cm，3 cm，…としたときの横の長さを表にしました。表を完成(かんせい)させなさい。

たての長さ(○ cm)	1	2	3	4	5
横の長さ　(□ cm)	㋐	㋑	㋒	㋓	㋔

まわりの長さは 12 cm なので，たての長さ＋横の長さ＝6(cm)になります。

よって，㋐＝①[　]，㋑＝②[　]，㋒＝③[　]，㋓＝④[　]，㋔＝⑤[　] になります。

(2) ○と□の関係を式で表しなさい。

たての長さ＋横の長さ＝6 なので，○＋□＝⑥[　] になります。

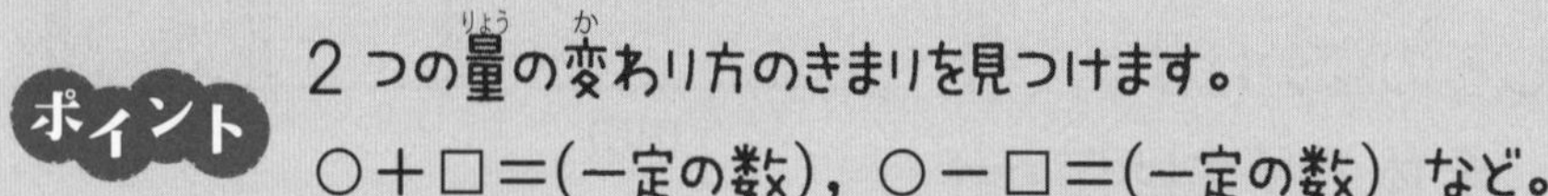

ポイント　2 つの量(りょう)の変(か)わり方のきまりを見つけます。
○＋□＝(一定の数)，○－□＝(一定の数) など。

1 あきさんは，弟と 1 本 500 mL の牛にゅうを分けあって飲みます。あきさんと弟が飲んだ牛にゅうの量の関係を表にしました。表を完成させなさい。ただし，2 人で牛にゅうをすべて飲むとします。

あきさん(mL)	50	100	120			
弟　(mL)	450			300	320	400

2 90 cm のリボンを，はさみで切って２本のリボンにします。

⑴ 左のリボンの長さを○ cm，右のリボンの長さを□ cm として，○と□の関係を表にしました。表を完成させなさい。

左のリボン(○ cm)	10	20	30	……	70	80
右のリボン(□ cm)				……		

⑵ ○と□の関係を式で表しなさい。

⑶ 左のリボンの長さが 37 cm のとき，右のリボンの長さは何 cm になりますか。

3 まことさんとゆうこさんは，折(お)り紙でツルを折ります。２人は 10 分間で３羽ずつ折っていきます。最初(さいしょ)，まことさんが折り始めて，それから 30 分後にゆうこさんが折り始めました。

⑴ まことさんが折ったツルの数を○羽，ゆうこさんが折ったツルの数を□羽として，○と□の関係を表にしました。表を完成させなさい。

まことさんのツル(○羽)	10	11	12	……		
ゆうこさんのツル(□羽)				……	50	51

⑵ ○と□の関係を式にしなさい。

⑶ まことさんが折ったツルが 116 羽のとき，ゆうこさんが折ったツルは何羽になりますか。

➡答えは 72 ページ　月　日

17日 変わり方(2)

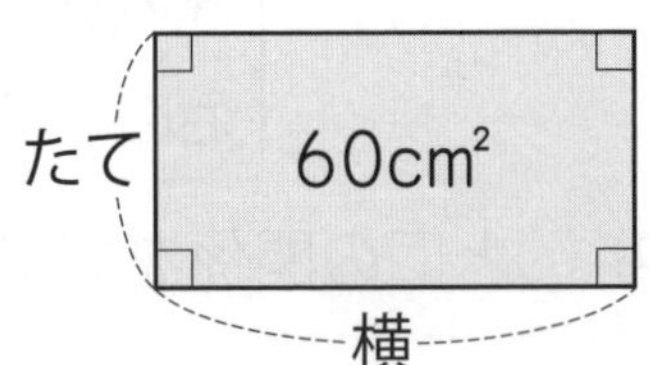

面積が 60 cm² の長方形があります。たての長さを○ cm，横の長さを□ cm とし，○と□の関係を調べました。

(1) たての長さ○ cm と横の長さ□ cm の関係を表にしました。表を完成させなさい。

たての長さ(○ cm)	1	2	3	4	5	6	……
横の長さ　(□ cm)	60	30	㋐	㋑	㋒	㋓	……

○×□=60 となるので，㋐=①［　　］，㋑=②［　　］，

㋒=③［　　］，㋓=④［　　］

(2) □を○の式で表しなさい。

(1)より，□=⑤［　　］÷○

ポイント 2 つの量の変わり方のきまりを見つけます。
□=(一定の数)÷○，□=○×(一定の数)　など。

1 面積が 90 cm² の長方形があります。たての長さを○ cm，横の長さを□ cm とし，○と□の関係を調べ，表にしました。表を完成させなさい。

たて　90cm²　横

たての長さ(○ cm)							……
横の長さ　(□ cm)	1	2	3	5	6	9	……

2 Ｉ辺(へん)の長さがＩcmの正三角形があります。Ｉ辺の長さが次の図のように，Ｉcmずつ長くなっていきます。Ｉ辺の長さを○cm，まわりの長さを□cmとするとき，○と□の関係を調べました。

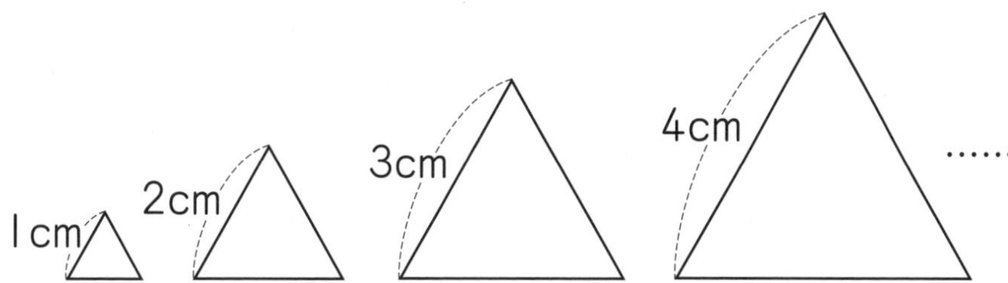

(1) 正三角形のＩ辺の長さ○cmとまわりの長さ□cmの関係を表にしました。表を完成させなさい。

Ｉ辺の長さ　(○cm)	Ｉ	2	3	4	5	……
まわりの長さ(□cm)	3					……

(2) ○と□の関係を式で表しなさい。

3 Ｉ00gが400円の牛肉を買います。牛肉の量を○g，代金を□円として，○と□の関係を調べました。

(1) 牛肉の量○gと代金□円の関係を表にしました。表を完成させなさい。

牛肉の量(○g)	Ｉ00	200	300	400	500	600	……
代　金（□円）	400						……

(2) □を○の式で表しなさい。

(3) 代金が9600円のときの牛肉の量を答えなさい。

➡答えは 72 ページ

月　　日

18日 変わり方(3)

次の図のように，マッチぼうをならべて正三角形を順(じゅん)につくっていきます。正三角形を○こつくるのに使うマッチぼうの数を□本とします。

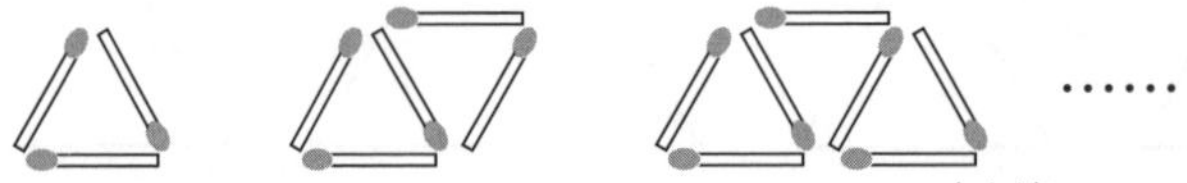

(1) 正三角形の数○ことマッチぼうの数□本の関係(かんけい)を表にしました。表を完成(かんせい)させなさい。

正三角形の数（○こ）	1	2	3	4	5	……
マッチぼうの数(□本)	3	㋐	㋑	㋒	㋓	……

左から順に ㋐＝[①]，㋑＝[②]，㋒＝[③]，

㋓＝[④] となります。

(2) 正三角形の数○ことマッチぼうの数□本の関係を式で表しなさい。

正三角形の数が1こふえるごとに，マッチぼうの数は2本ずつふえるので，2×○ をもとに考えます。○＝1 のとき □＝3 となるので，□＝2×○＋[⑤] となります。

(3) マッチぼうの数が 25 本のとき，正三角形の数は何こですか。

(2)より，□＝25 のとき，2×○＝[⑥] より，正三角形の数は

[⑦](こ)

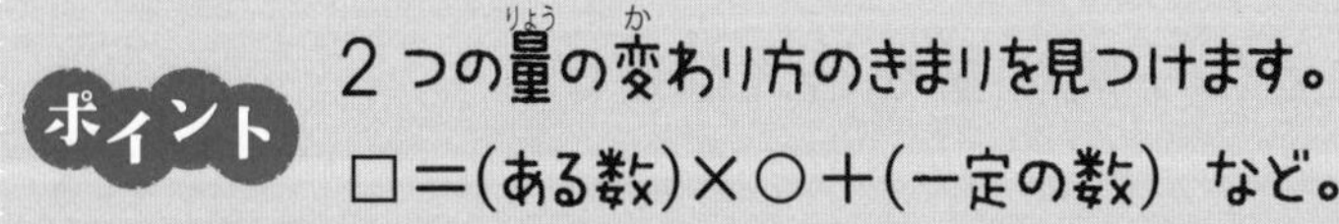

ポイント

2つの量(りょう)の変(か)わり方のきまりを見つけます。

□＝(ある数)×○＋(一定の数) など。

1 次の図のように，マッチぼうをならべて正方形を順につくっていきます。正方形の数を○こ，マッチぼうの数を□本とします。

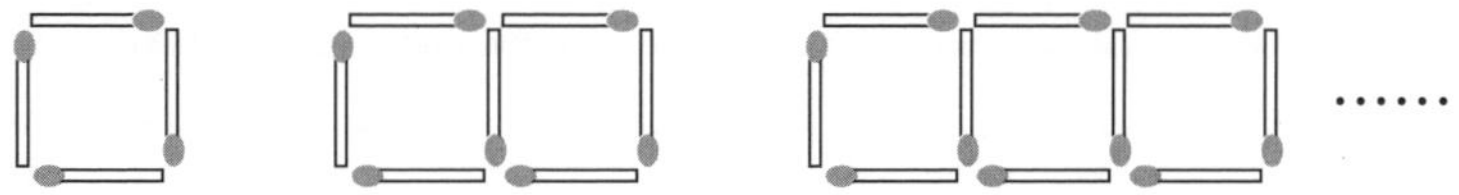

……

⑴ 正方形の数○ことマッチぼうの数□本の関係を表にしました。表を完成させなさい。

正方形の数　(○こ)	1	2	3	4	5	……
マッチぼうの数(□本)	4					……

⑵ マッチぼうの数□本を，正方形の数○この式で表しなさい。

2 次の図のように，1辺の長さが 1 cm の正方形を1だん，2 だん，……とならべて積(つ)み上げていきます。

……

1だん　2だん　3だん　4だん

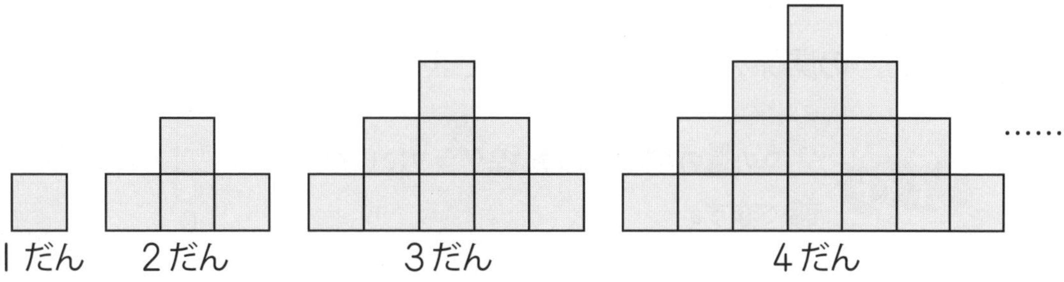

⑴ だんの数とまわりの長さを，次の表にまとめなさい。

だんの数　(だん)	1	2	3	4	5	6	……
まわりの長さ (cm)	4			22			……

⑵ だんの数を○だん，まわりの長さを□ cm とするとき，○と□の関係を式で表しなさい。

⑶ だんの数が 12 だんのとき，まわりの長さは何 cm になりますか。

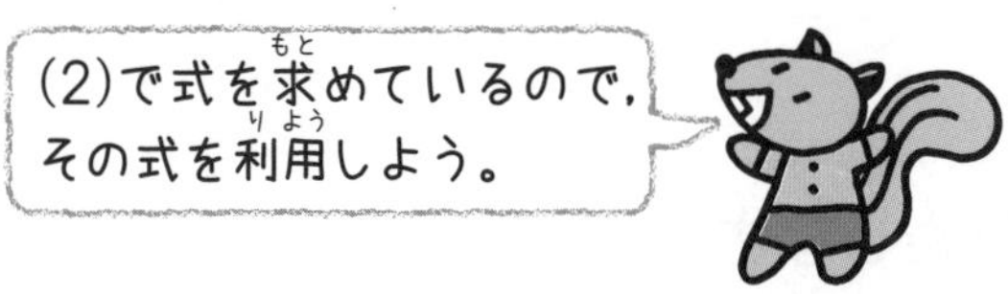

(2)で式を求(もと)めているので，
その式を利(り)用(よう)しよう。

➡答えは 73 ページ　月　日

19日 変わり方 (4)

l L の重さが 2 kg のペンキがあります。ペンキの量(りょう)を○ L，ペンキの重さを□ kg として，ペンキの量と重さの関係(かんけい)を調べます。

(1) ペンキの量が次の表のように変(か)わるとき，表を完成(かんせい)させなさい。

ペンキの量（○ L）	1	2	3	4	5	6	……
ペンキの重さ(□ kg)	2	4	㋐	㋑	㋒	㋓	……

ペンキの重さはペンキの量の 2 倍になっているので，

㋐＝①□，㋑＝②□，㋒＝③□，㋓＝④□

(2) □を○の式で表しなさい。

□＝⑤□×○

(3) □と○の関係を，折(お)れ線グラフで表しなさい。

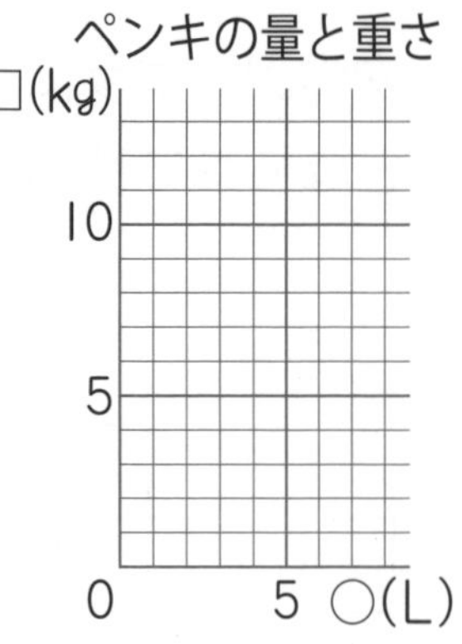

2 つの量の関係を折れ線グラフにして調べます。

1 l 辺(ぺん)の長さが○ cm の正三角形のまわりの長さを□ cm とします。

(1) l 辺の長さとまわりの長さの関係を調べた次の表を完成させ，□を○の式で表しなさい。

l 辺の長さ　(○ cm)	1	2	3	4	5	……
まわりの長さ(□ cm)	3					……

三角形のまわりの長さ
□(cm)
15
10
5
0
5○(cm)

(2) □と○の関係を折れ線グラフで表しなさい。

2 プールに水を入れています。入れ始めてからの時間を○時間，水の深さを□cmとして関係を調べます。右の図は，水を入れ始めてからの時間と水の深さの関係を折れ線グラフに表したものの一部です。ただし，水は一定の時間に一定の量で入っていくものとします。

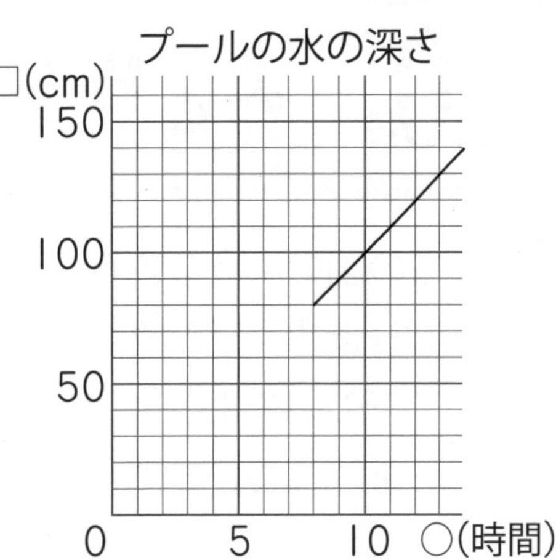

(1) 水の深さは1時間に何cmずつ上がっていますか。

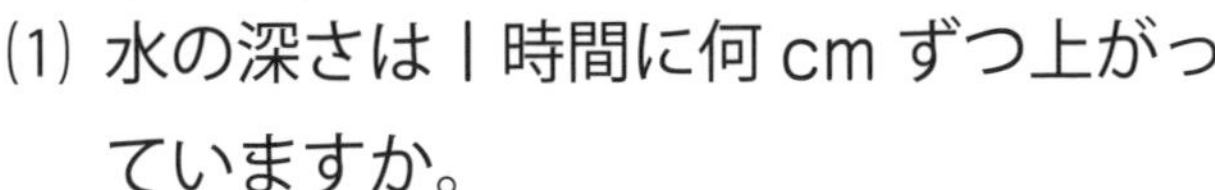

(2) □を○の式で表しなさい。

(3) 水を入れ始めて5時間後，水の深さは何cmになりますか。

3 長さ20 cmのはり金を折り曲げて長方形や正方形をつくります。

(1) たての長さを○ cm，横の長さを□ cmとして，たての長さと横の長さの関係を次のように表にしました。表を完成させなさい。

たての長さ(○ cm)	1	2	3	4	5				9
横の長さ　(□ cm)	9	8				4	3	2	1

(2) ○と□の関係を式で表しなさい。

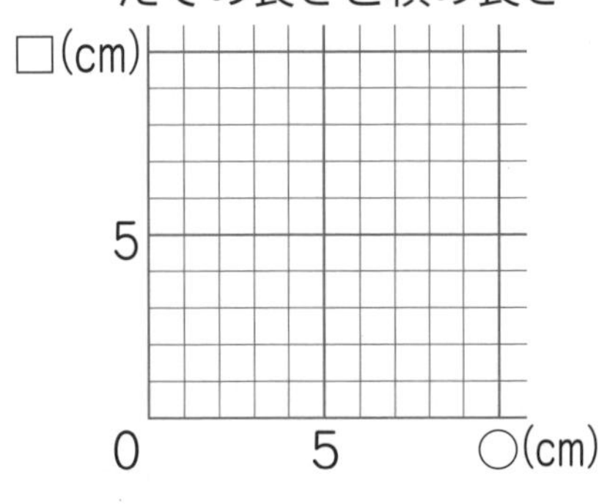

(3) □と○の関係を折れ線グラフで表しなさい。

(4) 面積がもっとも大きくなるのは，たての長さが何cmのときですか。

20日 まとめテスト (4)

➡答えは 73 ページ

月　日

時間 20分 【はやい15分·おそい25分】　得点

合格 80点　点

1 右の図のような内側の輪の直径が 5 cm のリングがあります。リングのはばは | cm です。このリングを下の図のように何こかつなげて，左はしから右はしまでの長さを調べます。(8 点× 3―24 点)

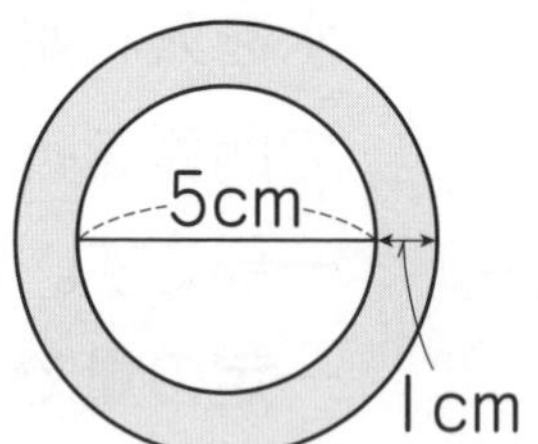

(1) リングのこ数と左はしから右はしまでの長さの関係を表にしました。表を完成させなさい。

リングの数　(こ)			2	3	……
はしからはしまでの長さ(cm)	7			……

(2) 5 このリングをつなげました。左はしから右はしまでの長さは何 cm ですか。

(3) 左はしから右はしまでの長さが 52 cm のとき，リングは何こつながっていますか。

2 | m 50 円のリボンがあります。リボンを何mか買ってふくろに入れます。ふくろは有料でいくらかの代金をしはらいます。下の折れ線グラフは，リボンの長さと代金の関係を表したものです。(8 点× 2―16 点)

(1) ふくろの代金は何円ですか。

(2) リボンを |4 m 買ってふくろに入れてもらうとき，代金は合計で何円ですか。

リボンの長さと代金

(円)
400
200
0
5 (m)

3 9 dL 入りのジュースをゆうたさんと妹とで分けます。ゆうたさんがもらう量を○ dL，妹がもらう量を□ dL とします。 (10 点× 2―20 点)

(1) 次の表を完成させなさい。

ゆうた(○ dL)	1	2	3	4	5			8
妹　(□ dL)	8	7				3	2	1

(2) □と○の関係を折れ線グラフにして右のグラフにかきなさい。

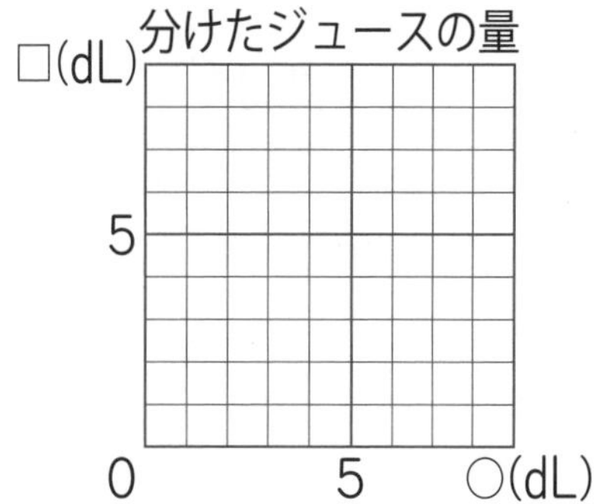

4 右の図のように，黒い丸と白い丸が交ごに積んであります。(10 点× 4―40 点)

……… 1だん目
……… 2だん目
……… 3だん目
… 4だん目
⋮

(1) 黒い丸だけについて，次の表を完成させなさい。

だんの数(だん目)	1	3	5	7	9	……
黒い丸の数(こ)	1					……

(2) 白い丸だけについて，次の表を完成させなさい。

だんの数(だん目)	2	4	6	8	10	……
白い丸の数(こ)	2					……

(3) だんの数と黒い丸と白い丸を合わせた数との関係を調べた次の表を完成させなさい。

だんの数(だん)	1	2	3	4	5	……	10	11	12	……
黒い丸と白い丸を合わせた数(こ)	1	3	6	10	15	……				……

(4) 黒い丸と白い丸を合わせた数が 153 このとき，だんの数を求めなさい。

➡答えは 74 ページ　月　日

21日 直方体と立方体（1）

右の図のような直方体があります。空らんをうめなさい。

(1) 面の数は ① □ つあります。

(2) 頂点（ちょうてん）の数は ② □ つあります。

(3) 辺（へん）の数は ③ □ 本あります。

(4) 3 cm の辺は ④ □ 本あります。

(5) たて 8 cm，横 5 cm の長方形の面は ⑤ □ つあります。

ポイント 直方体と立方体には，辺の数は 12 本，面の数は 6 つ，頂点の数は 8 つあります。

1 右の図のような直方体があります。

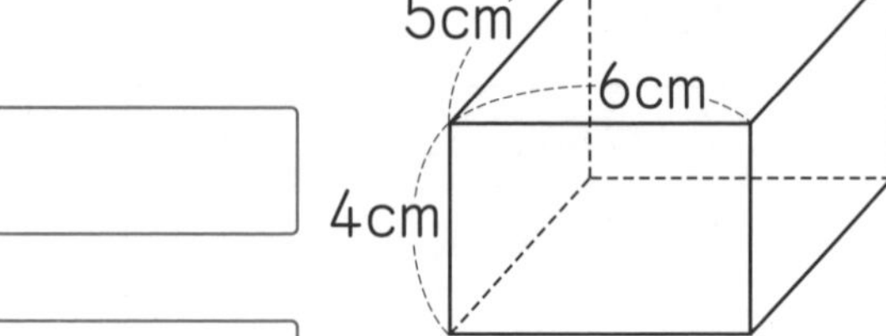

(1) 5 cm の辺は何本ありますか。

(2) 辺の数は全部で何本ありますか。

(3) いちばん大きい面の面積（めんせき）を求（もと）めなさい。

(4) 面の数は全部でいくつありますか。

(5) 頂点の数は全部でいくつありますか。

2 右の図のような立方体があります。

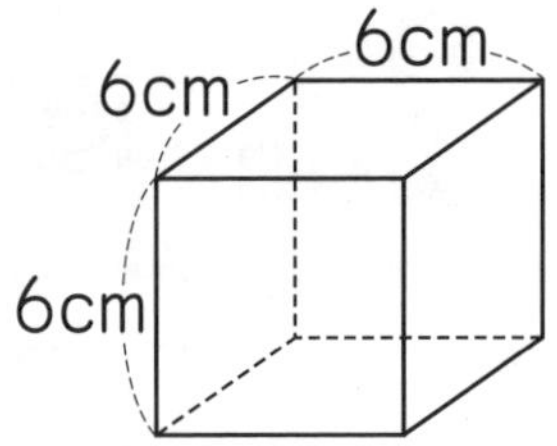

(1) 頂点の数は全部でいくつありますか。

6cm
6cm
6cm

(2) 面の数は全部でいくつありますか。

(3) すべての辺の長さの合計は何 cm になりますか。

3 次の問いに答えなさい。

(1) 直方体では，形も大きさも同じ面は，それぞれいくつずつ何組ありますか。

(2) 直方体では，長さの等しい辺は，それぞれ何本ずつ何組ありますか。

(3) 立方体では，形も大きさも同じ面はいくつありますか。

(4) 立方体では，長さの等しい辺は何本ありますか。

4 直方体において，面の数を○，頂点の数を□，辺の数を△とするとき，○+□ を△の式で表しなさい。

たし算の式だけで，表せるよ。

➡答えは 74 ページ　月　日

22日 直方体と立方体（2）

右の図は直方体のてん開図です。

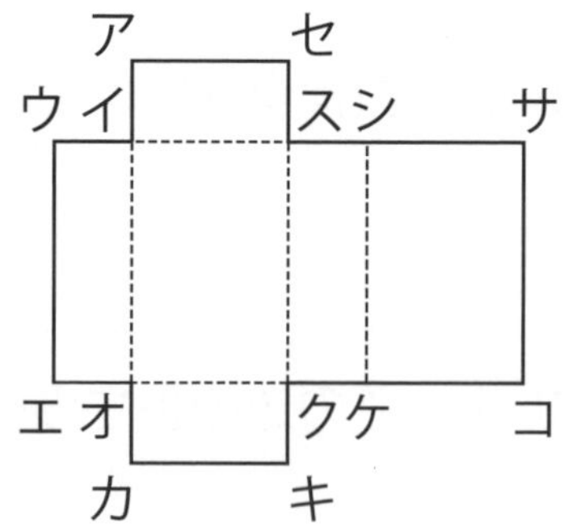

⑴ 点ケと重なる点を答えなさい。

点ケは点 ①[　　] と重なります。

⑵ 点コと重なる点を答えなさい。

点コは点 ②[　　] と点 ③[　　] の２つと重なります。

⑶ 辺（へん）ウエと重なる辺を答えなさい。

点ウは点ア，点サと，点エは点カ，点コと重なるので，辺ウエは，同じ長さの辺になることを考えて，辺 ④[　　] と重なります。

⑷ 辺アセと重なる辺を答えなさい。

⑶と同じように考えると，辺アセは辺 ⑤[　　] と重なります。

ポイント 直方体と立方体のてん開図では，どの点とどの点が重なるのかを考えます。

1 右の図は直方体のてん開図です。

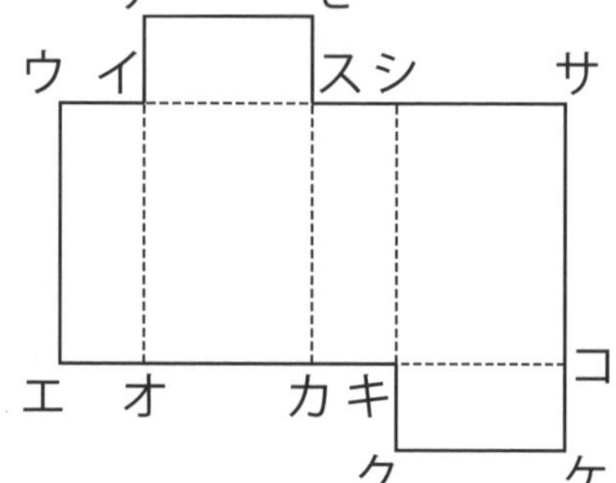

⑴ 点セと重なる点を答えなさい。

[　　]

⑵ 点オと重なる点を答えなさい。

[　　]

⑶ 辺カキと重なる辺を答えなさい。

[　　]

2 次の図は，ある直方体の見取図とてん開図です。図１と図２で，色のついた面は同じ面です。また，図１と図２で，点Aは同じ点です。

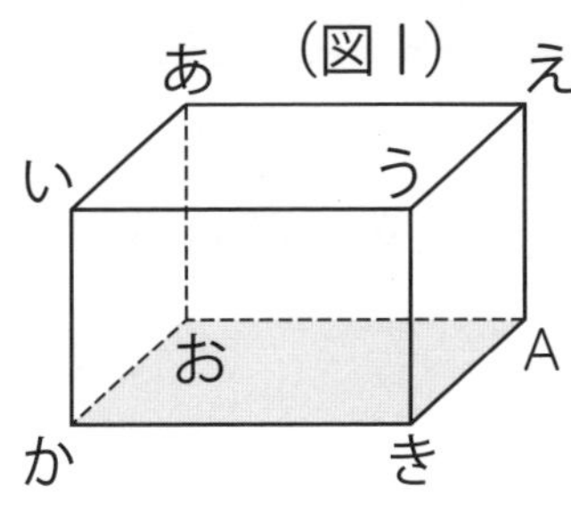

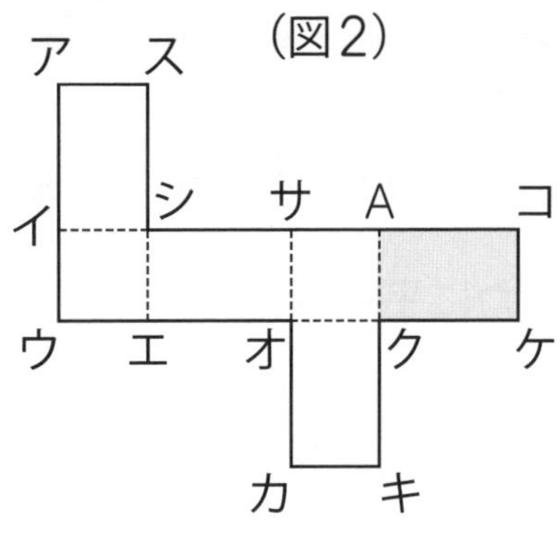

(1) 図１の点あは図２のどの点になりますか。

(2) 図１の点えは図２のどの点になりますか。

(3) 図１の辺かきは図２のどの辺になりますか。

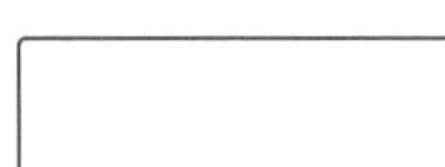

3 方がん紙に見取図をとちゅうまでかいてあります。見取図を完成(かんせい)させなさい。ただし，見えない辺は点線でかきなさい。

(1)

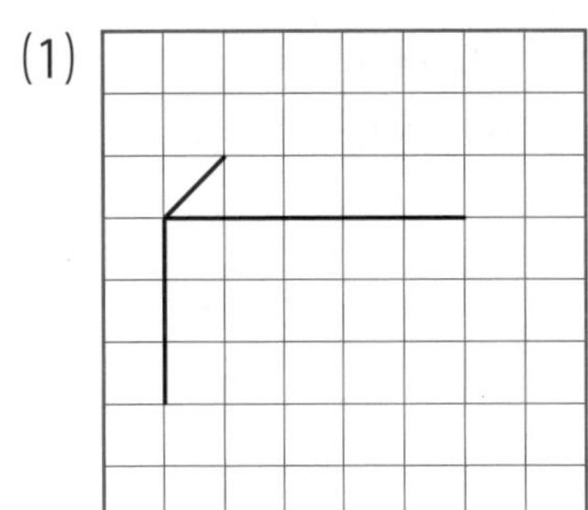

(2)

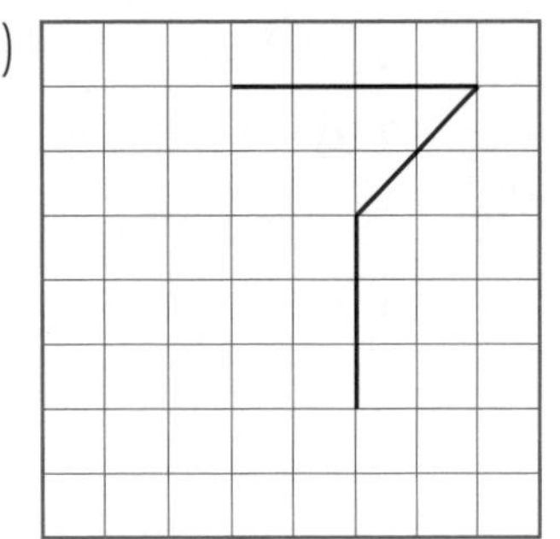

4 立方体を３つ，たてにつないで，直方体をつくります。右の図は，その見取図の一部です。見取図を完成させなさい。ただし，見えない辺は点線でかきなさい。

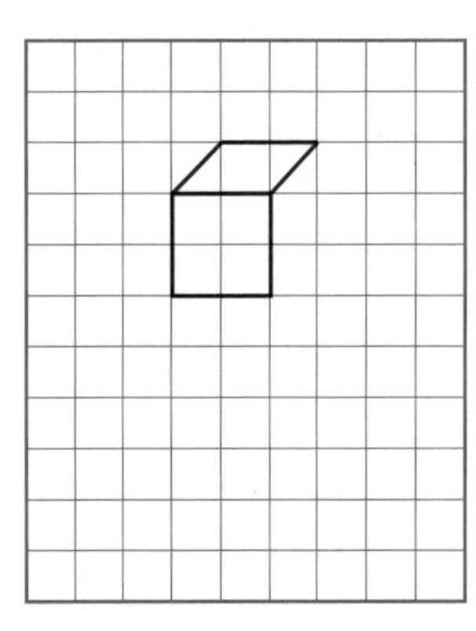

➡答えは 75 ページ

月　日

23日 直方体と立方体（3）

右の図のような直方体があります。空らんをうめなさい。

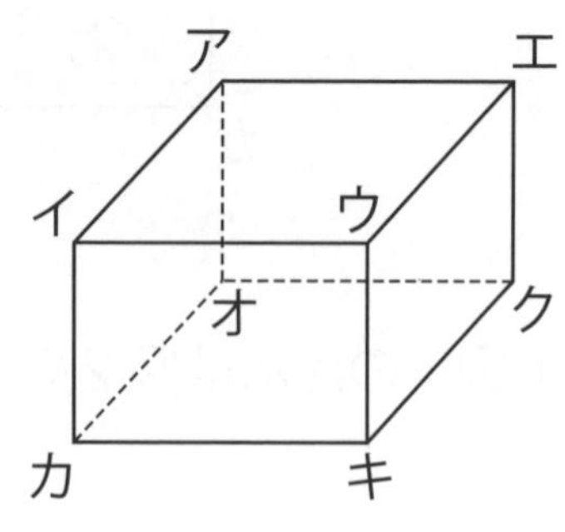

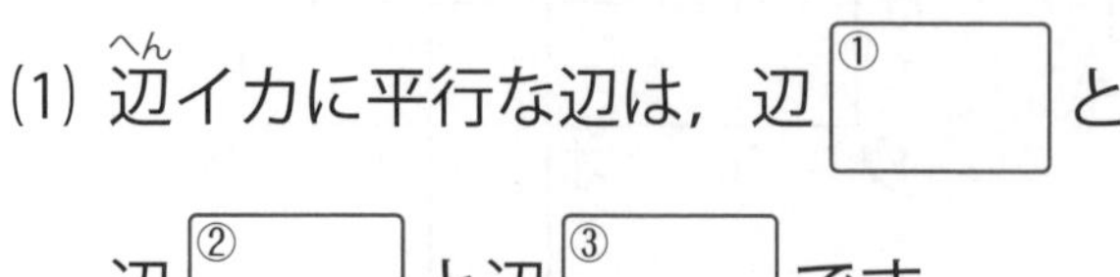

⑴ 辺(へん)イカに平行な辺は，辺 ① と

辺 ② と辺 ③ です。

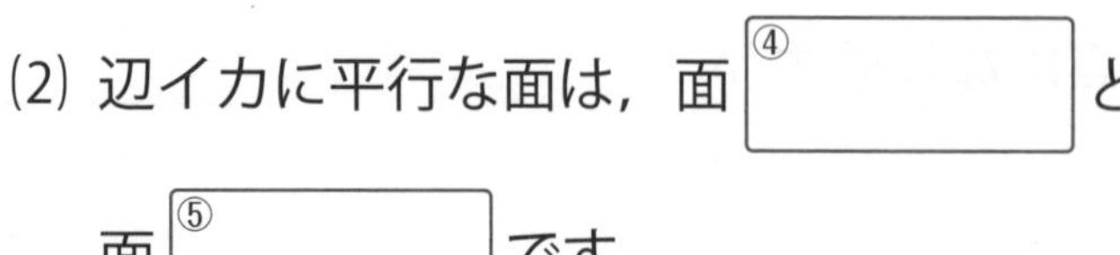

⑵ 辺イカに平行な面は，面 ④ と

面 ⑤ です。

⑶ 面アイカオと平行な面は，面 ⑥ です。

⑷ 面アイカオと垂直(すいちょく)な面は ⑦ つあります。

⑸ 辺エクと垂直な面は，面 ⑧ と面 ⑨ です。

ポイント

直方体と立方体では，１つの辺に平行な辺は３本，
垂直な辺は４本，平行な面は２つ，垂直な面は
２つあります。
また，１つの面に平行な面は１つ，垂直な面は４つあります。

1 右の図のような直方体があります。

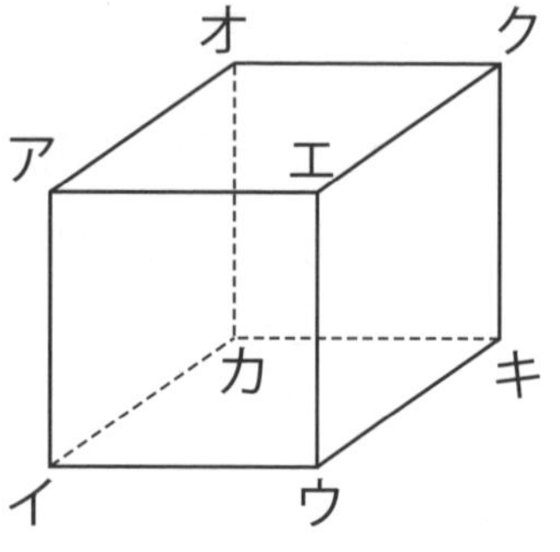

⑴ 辺アエに平行な辺をすべて答えなさい。

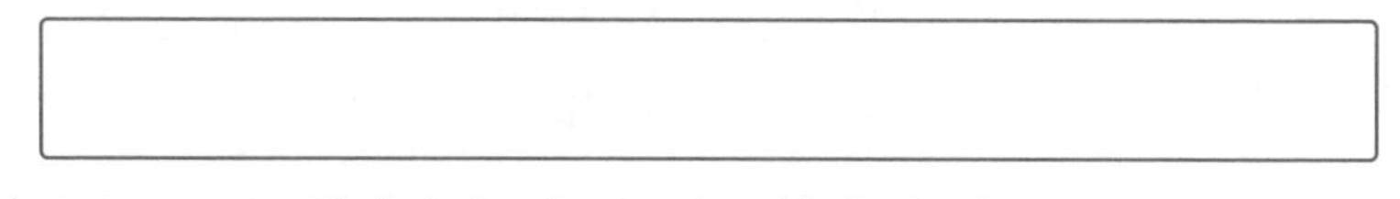

⑵ 辺アエに垂直な辺をすべて答えなさい。

2 右の図は立方体のてん開図で，これを組み立てた立方体について考えます。

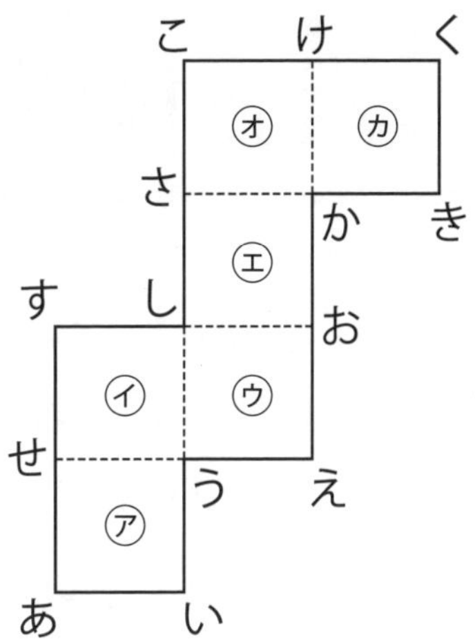

⑴ 辺おえと平行になる辺をすべて答えなさい。

⑵ 辺すしと垂直になる辺をすべて答えなさい。

⑶ 面㋑と平行になる面を答えなさい。

⑷ 面㋐と垂直になる面をすべて答えなさい。

⑸ 辺いうと同じ長さの辺は何本ありますか。辺いうもふくめて答えなさい。

3 右の図は直方体のてん開図で，これを組み立てた直方体について考えます。

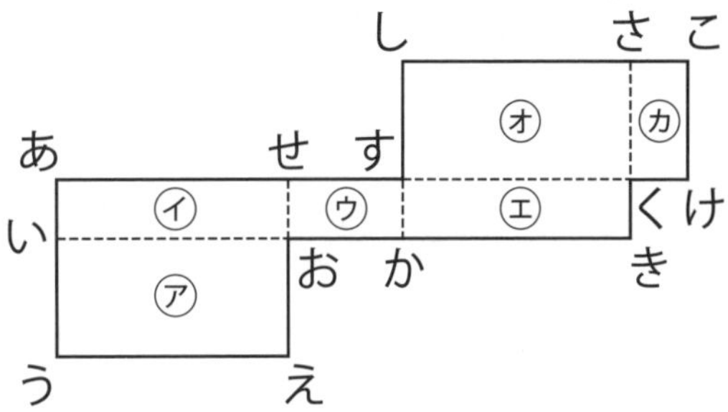

⑴ 辺くきと平行になる辺をすべて答えなさい。

⑵ 辺さしと垂直になる辺は何本ありますか。

⑶ 面㋔と平行になる面を答えなさい。

⑷ 面㋐と垂直になる面をすべて答えなさい。

垂直になる面はすぐ横にある面だよ。

➡答えは 76 ページ　月　日

24日 位置の表し方

(1) 右の図で，各点(かくてん)の位置(いち)を㋐は(1，3)，㋑は(5，2)と表します。㋒と㋓の位置を表しなさい。

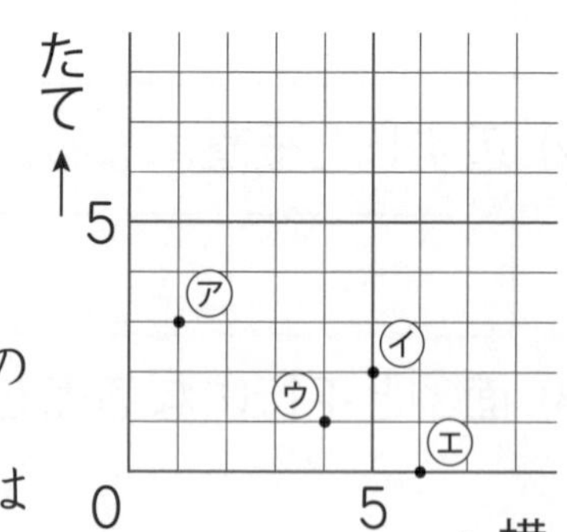

㋒は0から横へ4，たてへ1動いているので，(①[　　]，1)と表せます。また，㋓は0から，横へ6動いているので，(6，②[　　])と表せます。

ポイント 平面の点の位置の表し方(横の目もり，たての目もり)

(2) 右の直方体で，㋔の位置を(5，4，2)と表します。㋕の位置を表しなさい。

㋕は(0，0，0)から横へ5 cm，高さ2 cm 動いているので，(③[　　]，0，④[　　])と表します。

ポイント 空間の点の位置の表し方
(横の目もり，たての目もり，高さの目もり)

1 右の図で，点㋐は(2，5)と表します。点㋑と点㋒の位置を表しなさい。

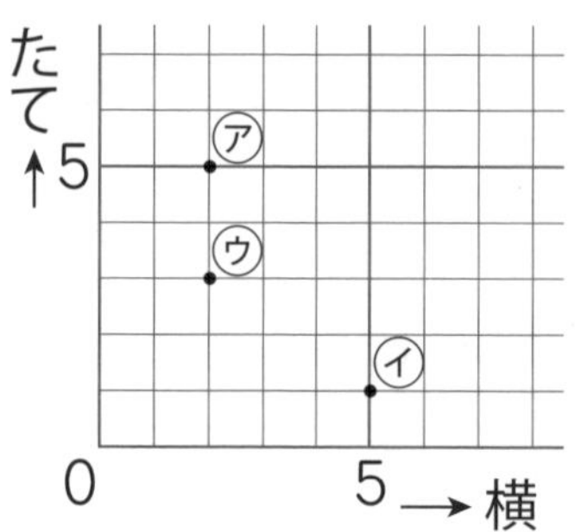

㋑[　　]　㋒[　　]

2 右の図の直方体で，頂点Ａは(5，0，0)，頂点Ｂは(0，2，4)と表します。頂点Ｃ，Ｄ，Ｅの位置をそれぞれ表しなさい。ただし，左下の点を(0，0，0)とします。

頂点Ｃ [　　　]　頂点Ｄ [　　　]

頂点Ｅ [　　　]

3 **1** と同じように各点の位置を表すものとします。

(1) 点Ａ～点Ｅの位置を(横の目もり，たての目もり)で表しなさい。ただし，単位のｍはつけなくてもかまいません。また，左下の点を(0，0)とします。

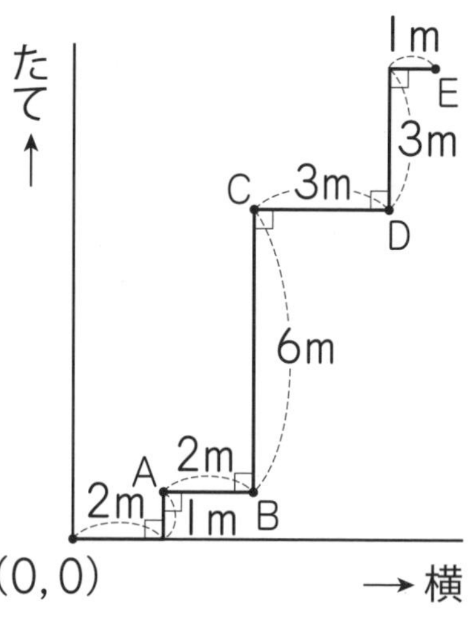

点Ａ [　　　]　点Ｂ [　　　]

点Ｃ [　　　]　点Ｄ [　　　]

点Ｅ [　　　]

(2) 点Ｃからいちばん遠い点を，点Ａ，Ｂ，Ｄ，Ｅから選びなさい。

[　　　]

4 右の図のように横４ｍ，たて２ｍ，高さ３ｍの直方体が３つならんでいます。点Ａの位置を(4，2，3)と表すものとします。点Ｂ～点Ｆの位置を同じように表しなさい。ただし，左下の点を(0，0，0)とします。

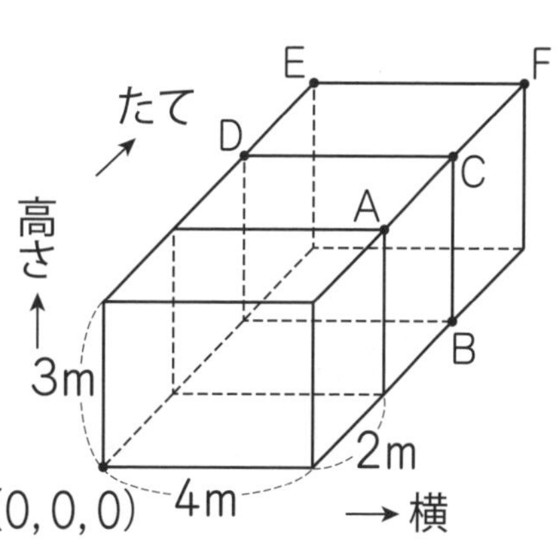

点Ｂ [　　　]　点Ｃ [　　　]

点Ｄ [　　　]　点Ｅ [　　　]　点Ｆ [　　　]

まとめテスト (5)

➡答えは 76 ページ　月　日

時間 20分【はやい15分・おそい25分】　得点

合格 80点　点

1 右の図のような直方体があります。(7点×4—28点)

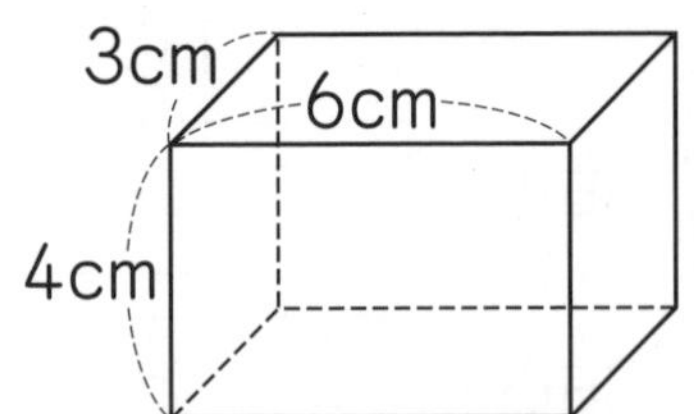

(1) 1 辺（ぺん）の長さが 3 cm の辺は何本ありますか。

(2) 1 辺の長さが 3 cm の辺をふくんだ長方形は，いくつありますか。

(3) たて 4 cm，横 6 cm の長方形の面は，いくつありますか。

(4) すべての辺の長さの合計は何 cm ですか。

2 立方体を５つ使って十字の形につなげました。右の図は，その見取図の一部です。見取図を完成（かんせい）させなさい。ただし，見えない辺は点線でかきなさい。(8点)

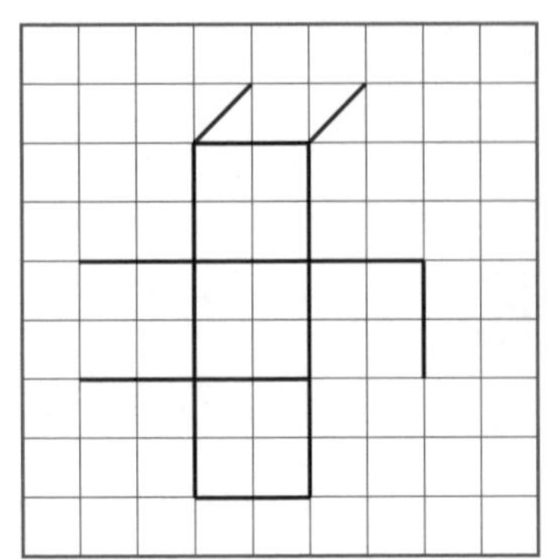

3 右の図は，横４目もり，たて２目もり，高さ３目もりの直方体のてん開図の一部です。このてん開図を完成させなさい。

(8点)

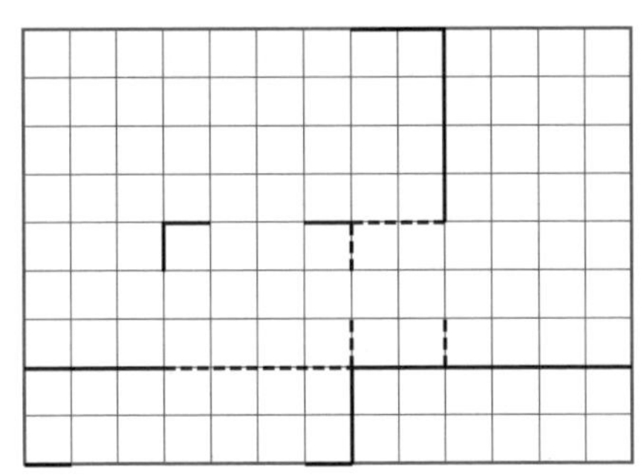

4 右の図は，直方体のてん開図です。これを組み立てた直方体について考えます。

（7点×5―35点）

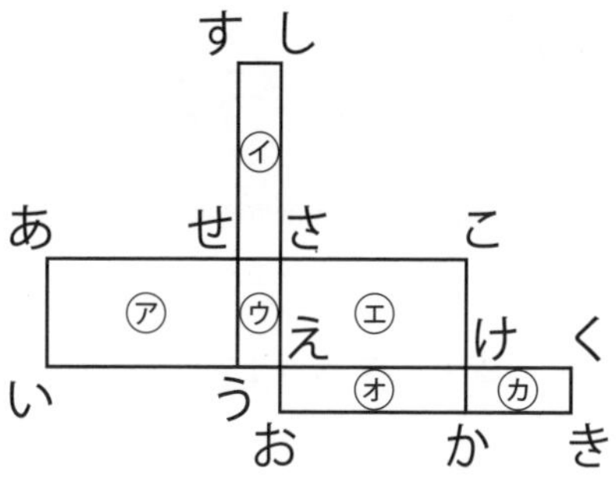

(1) 頂点(ちょうてん)いはどの頂点と重なりますか。

(2) 3つの頂点が重なるところがあります。何組ありますか。

(3) 辺けかと平行になる辺をすべて答えなさい。

(4) 面㋐と平行になる面はどれですか。

(5) 面㋐と垂直(すいちょく)になる面をすべて答えなさい。

5 右の図のように，横3m，たて2m，高さ5mの直方体が6つならんでいます。左下の点を(0，0，0)として，図の点Aを(3，2，10)と表すことにします。このとき，点B，C，Dを同じように表しなさい。（7点×3―21点）

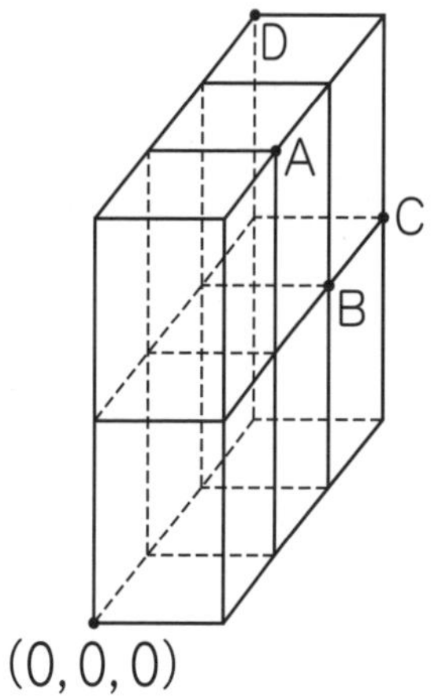

点B

点C

点D

➡答えは 77 ページ　月　日

26日 ちがいに目をつけて（1）

まいさんは妹と２人で10000円を分けることになりました。まいさんの方が妹より 3000 円多くなるように分けます。まいさんの金がくと妹の金がくをそれぞれ求(もと)めなさい。

まいさん　妹　3000円　10000円

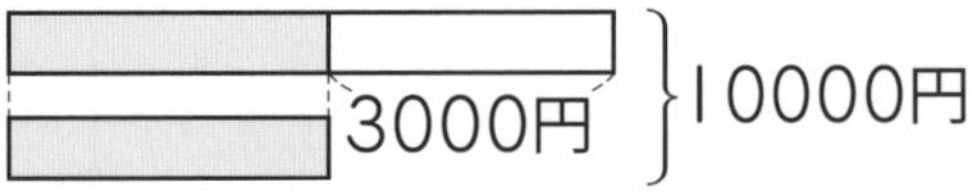

10000 円から２人の差(さ)の ① 円をひくと，残(のこ)りは妹の金がくの ② 倍になっているので，妹の金がくは，

(10000− ①)÷ ② =3500(円)

また，まいさんの金がくは妹の金がくに ① 円をたせばよいので，

3500+ ① = ③ (円)

ポイント ちがいの分をのぞくと，等しいものの集まりになります。

1 本を２さつ買いました。２さつの合計金がくは 2480 円で，ねだんのちがいは 120 円でした。

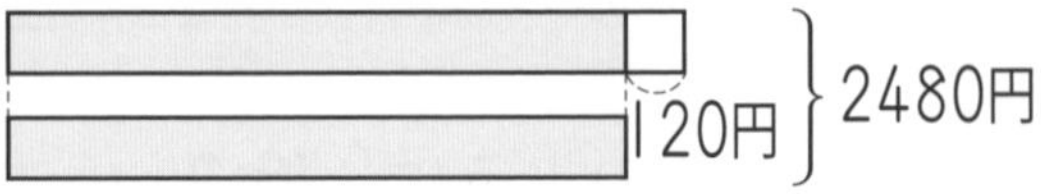

高い本　安い本　120円　2480円

(1) 上の図を使って，安い方の本のねだんの２倍を求めなさい。

(2) この２さつの本のねだんを答えなさい。

高い本　　安い本

2 180 このおはじきを，まさみさんとめぐみさんの2人で分けます。めぐみさんは，まさみさんより 24 こ少なくします。2人のおはじきのこ数をそれぞれ求めなさい。

まさみさん [　　　] めぐみさん [　　　]

3 4000 円のお金をかなさんと姉の2人で分けます。かなさんは姉より 1000 円少なくします。

(1) かなさんの金がくの2倍を求めなさい。

[　　　]

(2) 2人の金がくをそれぞれ求めなさい。

姉 [　　　] かなさん [　　　]

4 からあげが 780 g あります。これをまさとさんと兄の2人で分けます。まさとさんは兄より 60 g 少なくします。2人のからあげの重さをそれぞれ求めなさい。

兄 [　　　] まさとさん [　　　]

5 大，小2つの整数があります。大きい数は小さい数より5大きく，小さい数の2倍は大きい数より3大きくなります。大きい数と小さい数をそれぞれ求めなさい。

大きい数 [　　　] 小さい数 [　　　]

ちがいに目をつけて (2)

➡答えは 78 ページ

月　日

150 cm のリボンを大，中，小の3本に切って分けます。3本のリボンは 20 cm ずつ長さがちがっています。

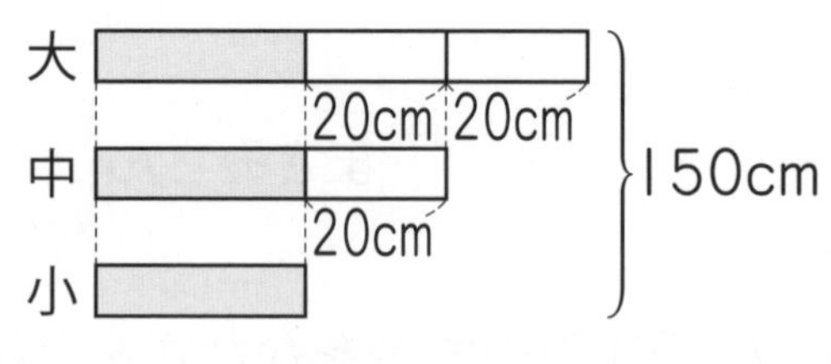

(1) 右の図を使って，小のリボンの長さの3倍を求(もと)めなさい。

150 cm から 20 cm を3こ分のぞくと，

150−20×3= ① ［　　］(cm)で，これが小のリボンの長さの3倍になっています。

(2) この3つのリボンの長さを求めなさい。

(1)より，小のリボンは，① ［　　］÷3 = ② ［　　］(cm)になり，

このことから中は，② ［　　］+20= ③ ［　　］(cm)，

大は，③ ［　　］+20= ④ ［　　］(cm)になります。

ポイント 図をかいて考えます。ちがいの分をのぞくと，等しいものの集まりになります。

1 4800 円のお金をゆうきさんと兄と弟の3人で分けます。兄はゆうきさんより 600 円多く，ゆうきさんは弟より 300 円多くなるようにします。弟の金がくの3倍を求めなさい。

兄
ゆうきさん
弟
600円
300円
4800円

［　　］

2 600 cm のひもを兄と姉とかいとさんの３人で分けます。姉はかいとさんより 20 cm 長く，兄より 50 cm 短くなるようにします。

⑴ かいとさんの３倍は何 cm ですか。

⑵ ３人のひもの長さをそれぞれ求めなさい。

兄　　　姉　　　かいとさん

3 和が 186 である３つの整数 A，B，C があります。B は A より７小さく，C より 10 大きいです。

⑴ C の３倍はいくらですか。

⑵ A，B，C それぞれの数を求めなさい。

A　　　B　　　C

4 12000 円をひろさんと弟と妹の３人で分けます。弟は妹の２倍より 500 円多く，ひろさんより 2000 円少なくなるようにします。

⑴ 妹の５倍は何円ですか。

⑵ ひろさん，弟，妹の金がくをそれぞれ求めなさい。

ひろさん　　　弟　　　妹

➡答えは 78 ページ　月　日

同じものに目をつけて（1）

シュークリーム２ことチーズケーキ３この代金は１380 円です。また，シュークリーム２ことチーズケーキ５この代金は 2020 円です。シュークリーム１こ，チーズケーキ１この代金をそれぞれ求(もと)めなさい。

 1380 円

 2020 円

シュークリーム２こ分とチーズケーキ３こ分は共通(きょうつう)なので，2020 円から１380 円をひいた金がくはチーズケーキ２こ分の代金です。よって，チーズケーキ１この代金は，

(2020−［①　］)÷2=［②　］÷2=［③　］(円)

１380 円からチーズケーキ３こ分の代金をひいた金がくは，シュークリーム２こ分の代金なので，シュークリーム１この代金は，

(１380−［③　］×3)÷2=(１380−［④　］)÷2

=［⑤　］÷2=［⑥　］(円)

ポイント 図にして同じ部分をのぞくと，一方の１つ分がわかります。

1 美じゅつ館の入館料(にゅうかんりょう)は，おとな２人と子ども８人では 2660 円，おとな２人と子ども１2 人では 3540 円です。子ども１人の入館料は何円ですか。

2660 円
3540 円

［　　］

2 消しゴム３ことえん筆６本で 810 円，消しゴム１ことえん筆６本で 590 円でした。

(1) 消しゴム２こ分の代金は何円ですか。

(2) 消しゴム１ことえん筆１本の代金をそれぞれ答えなさい。

消しゴム　　　　えん筆

3 りんご５ことみかん６こを箱につめてもらったら 2100 円でした。また，りんご３ことみかん６こを箱につめてもらったら 1620 円でした。そして，りんご３ことみかん３こを箱につめてもらったら 1260 円でした。

2100 円
1620 円
1260 円

(1) りんご２こ分の金がくは何円ですか。

(2) みかん３こ分の金がくは何円ですか。

(3) 箱，りんご１こ，みかん１この代金をそれぞれ答えなさい。

箱　　　　りんご　　　　みかん

➡答えは 79 ページ　　月　　日

同じものに目をつけて (2)

バナナ１本ともも１こを買うと代金は 360 円でした。もも１この代金はバナナ１本の代金の２倍です。バナナ１本，もも１この代金はそれぞれ何円ですか。

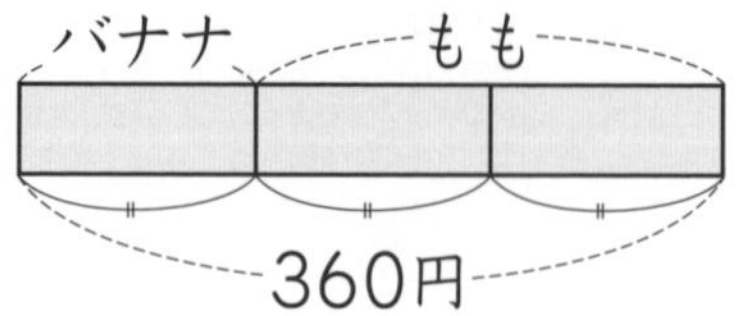

右の図のように考えると，① 円で

バナナ３本分の代金となっているので，

バナナ１本の代金は，① ÷3=② (円)

ももは，バナナの２倍なので，もも１この代金は，

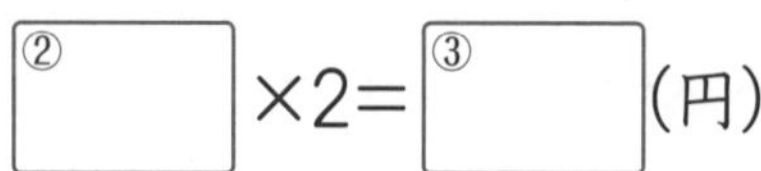

② ×2=③ (円)

ポイント 一方が他方の何倍になっているかを考え，合計から１つ分を求(もと)めます。

1 水族館の入館料(にゅうかんりょう)は，おとな１人と子ども１人の合計で 720 円です。おとな１人の入館料は子ども１人の入館料の３倍です。

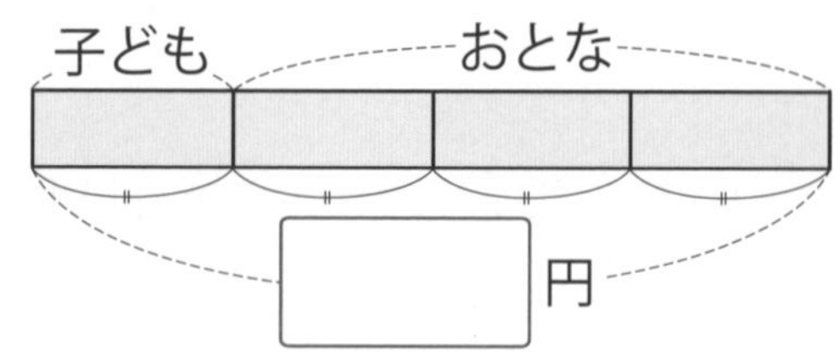

(1) 右の図を完成(かんせい)させて，子ども４人分の入館料を答えなさい。

(2) おとな１人，子ども１人の入館料をそれぞれ答えなさい。

おとな　　　子ども

2 さとう 12 kg を，まりさんとこずえさんとで分けます。こずえさんのもらう分は，まりさんのもらう分の5倍だそうです。まりさん，こずえさんのもらう分はそれぞれ何 kg ですか。

まりさん ［　　　］　こずえさん ［　　　］

3 49 まいのカードをゆりさんと姉と弟で分けます。姉はゆりさんの2倍のまい数で，ゆりさんは弟の2倍のまい数だそうです。

(1) 下の図を完成させなさい。

弟　①［　　　］　②［　　　］

③［　　　］まい

(2) 49 まいは弟のもらう分の何倍ですか。

［　　　］

(3) 姉，ゆりさん，弟のもらう分をそれぞれ答えなさい。

姉 ［　　　］　ゆりさん ［　　　］　弟 ［　　　］

4 まなさんは 2700 円，かおりさんは 3300 円持っています。

(1) まなさんがかおりさんにいくらわたすと，かおりさんの持っているお金が，まなさんの持っているお金の3倍になりますか。

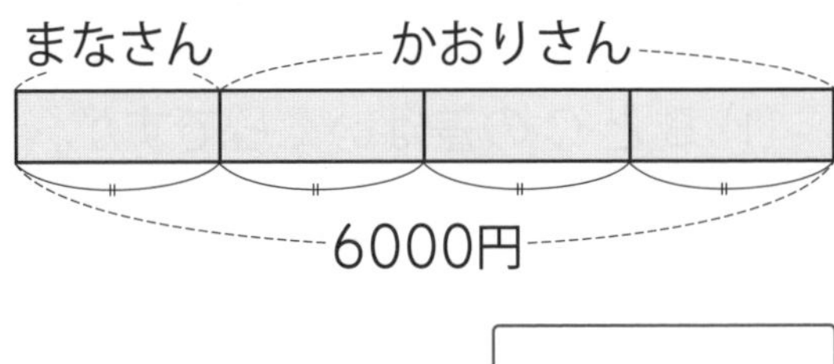

［　　　］

(2) かおりさんがまなさんにいくらわたすと，まなさんの持っているお金がかおりさんの持っているお金の5倍になりますか。

［　　　］

まとめテスト (6)

➡答えは 79 ページ

月　日

時間 20分【はやい15分·おそい25分】　合格 80点　得点　点

1 赤，白，青の３本のテープがあります。赤のテープの長さは，白のテープの長さの２倍で，青のテープの長さは，白のテープの長さの３倍です。また，赤のテープと白のテープの長さの差(さ)は７ｍです。(8点×2—16点)

(1) 白のテープの長さは何ｍですか。

(2) 赤，青のテープの長さはそれぞれ何ｍですか。

赤　　青

2 長方形の形をした土地があります。この土地のまわりの長さは 88 ｍで，横の長さはたての長さより６ｍ短いそうです。この土地のたての長さは何ｍですか。(10点)

3 A，B，Cの３つの整数があります。AからBをひいた差は 14，AからCをひいた差は８，BとCの和は 162 です。(10点×2—20点)

(1) BとCの差はいくらですか。

(2) A，B，Cの整数をそれぞれ答えなさい。

A　　B　　C

4 りんごを2こ，ももを4こ買うと，代金は650円でした。りんごを3こ，ももを5こ買うと，代金は855円でした。(8点×3—24点)

(1) りんごを6こ，ももを12こ買うと，代金はいくらになりますか。

(2) りんごを6こ，ももを10こ買うと，代金はいくらになりますか。

(3) りんご1こ，もも1この代金はそれぞれいくらになりますか。

りんご　　もも

5 ある日の昼の長さは，夜の長さより2時間10分長かったそうです。この日の昼の長さは，何時間何分でしたか。(10点)

6 4年生のクラスは，1組と2組と3組があり，児童数の合計は93人です。1組の児童数(じどうすう)は2組の児童数より5人多く，3組の児童数は2組の児童数より2人少ないそうです。(10点×2—20点)

(1) 3組の児童数の3倍は何人になりますか。

(2) 1組，2組，3組の児童数はそれぞれ何人になりますか。

1組　　2組　　3組

➡答えは 80 ページ

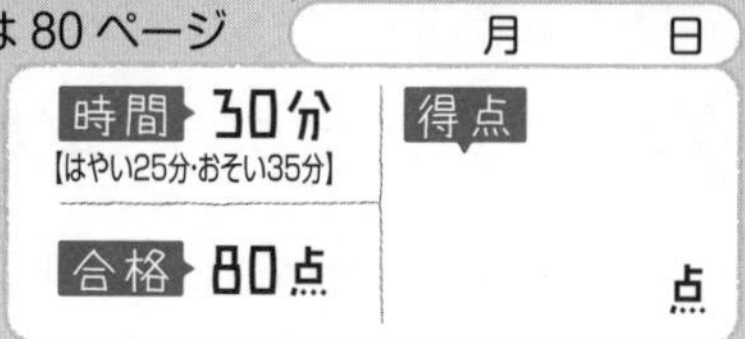

進級テスト

1 長方形の紙を右の図のように，6 つの正方形㋐，㋑，㋒，㋓，㋔，㋕に分けました。㋓と㋔と㋕は，同じ大きさの正方形で 1 辺（へん）の長さは 1 cm です。もとの長方形の面積（めんせき）を求（もと）めなさい。（10 点）

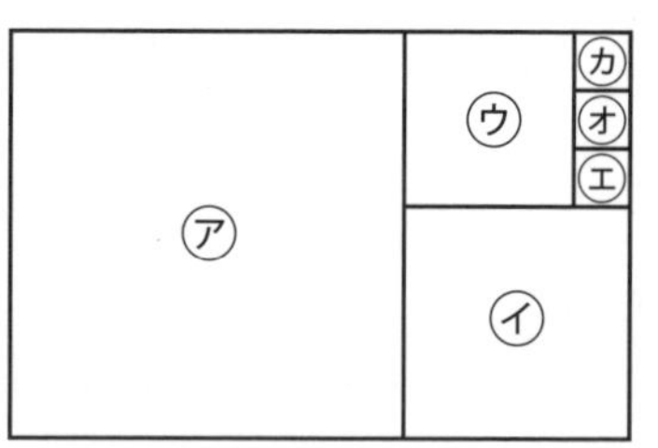

2 次の図形の色のついた部分の面積を求めなさい。（5 点× 2―10 点）

(1)

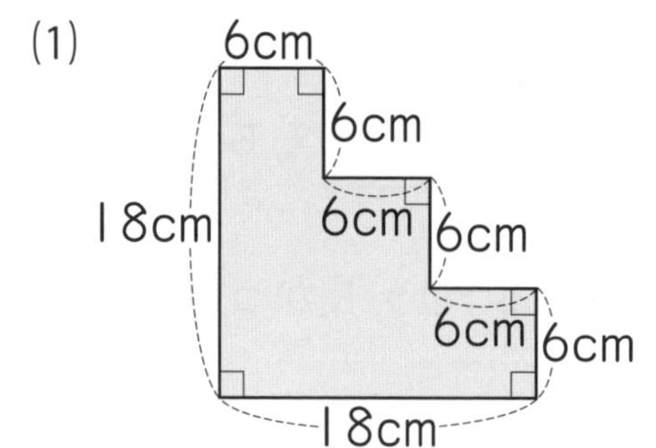

(2) 1 辺が 8 cm の正方形が 2 つ

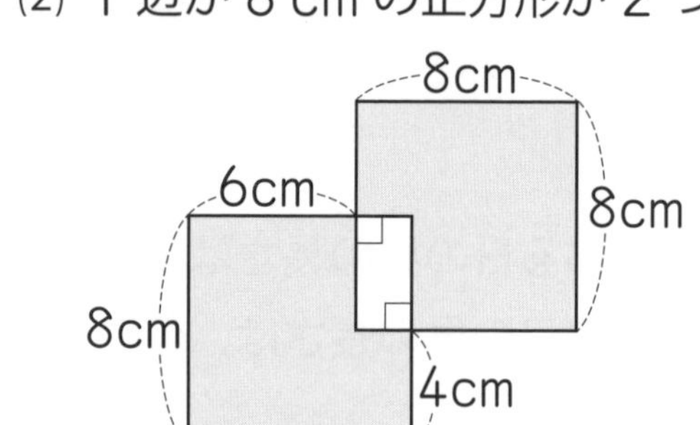

3 右の図のような直方体があります。
点Ａの位置（いち）をもとにして，点Ｇの位置を（横，たて，高さ）の長さの組を使って，(6，5，3)と表すことにします。（5 点× 2―10 点）

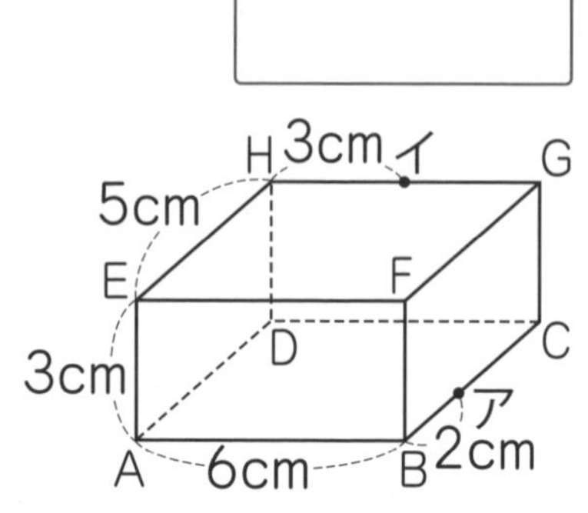

(1) 点ア，点イの位置を答えなさい。

点ア　　点イ

(2) (0，5，2)と表せる点ウ，(6，3，3)と表せる点エをそれぞれ図にかきなさい。

4 テープを $2\frac{3}{4}$ m 使ったので，残(のこ)りが $1\frac{3}{4}$ m になりました。テープは，はじめ何mありましたか。（5点）

[　　　]

5 消しゴム２ことえん筆４本で 540 円でした。消しゴム１ことえん筆３本で 345 円でした。消しゴム１こ，えん筆１本のねだんをそれぞれ答えなさい。（10点）

消しゴム [　　　]　えん筆 [　　　]

6 長さ18cmのろうそくがあります。

時　間　（○分）	0	1	2	3	4	5	……
ろうそくの長さ（□ cm）	18	16	14	12	10	8	……

右の表は，ろうそくがもえた時間と残りのろうそくの長さの関係(かんけい)を表したものです。（5点×3—15点）

(1) ○分後のろうそくの長さを□ cm として，□を○の式で表しなさい。

[　　　]

(2) ろうそくがもえつきるのは何分後ですか。

[　　　]

(3) ○と□の関係を折(お)れ線グラフで表しなさい。

□(cm)　ろうそくの長さ
20
10
0　5　10○(分)

7 長さ 3 m のひもを切って A，B，C の３本に分けます。A はBより 36 cm 短く，C はAより 24 cm 短くなるようにします。A，B，C のひもの長さをそれぞれ答えなさい。（10点）

A [　　　]　B [　　　]　C [　　　]

8 7.4 m の赤いリボンと 6.2 m の白いリボンがあります。それぞれのリボンから長さ 2 m のリボンをつくると，リボンは全部で何本できるか答えなさい。(5点)

9 次の図は直方体の見取図とてん開図です。(5点×2—10点)

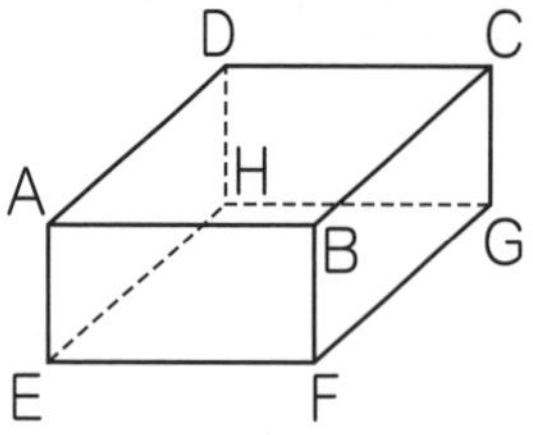

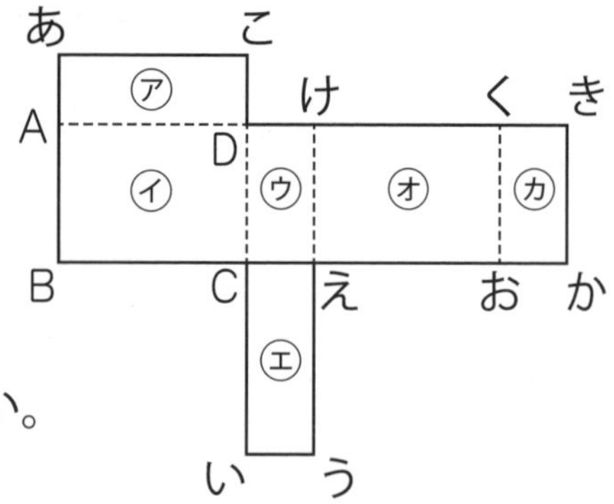

(1) 面㋑と平行になる面を答えなさい。

(2) 見取図の辺 AE はてん開図のどの辺になるか，すべて答えなさい。

10 A 国の面積は 388536 km^2，B 国の面積は 156215 km^2 です。A 国の面積は，B 国の面積よりおよそ何万 km^2 大きいですか。(5点)

11 3.9 m のひもを 8 等分したときの 1 つ分の長さは何 cm ですか。わり切れるまで計算しなさい。(5点)

12 りんごジュースを毎日 150 mL 飲むとき，183 日では，およそ何 L 飲むことになりますか。四捨五入して，上から 2 けたのがい数にしてから，答えを見積もりなさい。(5点)

答え

文章題・図形 7級

●1日 2～3ページ

①4　②16

1 (1)8 cm^2　(2)9 cm^2　(3)12 cm^2
(4)10 cm^2　(5)6 cm^2　(6)4 cm^2

2 (1)81 cm^2　(2)105 cm^2　(3)64 cm^2
(4)108 cm^2

3 (1)5 cm　(2)6 cm　(3)49 cm^2

とき方

1 方がんの数が何こあるかを数えます。方がん1こにつき1 cm^2 です。
答えの単位(たんい)は cm^2(へいほうセンチメートル)になります。

> **チェックポイント** cm^2 は○cm×◎cm で求めた面積だということを表しています。

2 (1)正方形の面積は，1辺×1辺 で求めます。
9×9=81(cm^2)
(2)長方形の面積は，たて×横 で求めます。
15×7=105(cm^2)
(3)8×8=64(cm^2)
(4)9×12=108(cm^2)

3 (1)長方形の横の長さ=面積÷たての長さ で求めます。
20÷4=5(cm)
(2)36=6×6 なので，正方形の1辺の長さは6 cm です。
(3)正方形のまわりの長さは1辺の長さの4倍であることから，1辺の長さは，28÷4=7(cm)
面積は，7×7=49(cm^2)

●2日 4～5ページ

①100　②1500

1 (1)①1　②100　③100　④10000
(2)①100　②100　③10000

2 (1)30000 cm^2　(2)4 m^2　(3)75 a
(4)8000 a　(5)①300 ha　②3000000 m^2

3 (1)64 a　(2)600 ha　(3)2 m^2　(4)72 ha

とき方

1 (1)1 cm^2 の正方形は1辺の長さが1 cm ですが，1 m^2 の正方形は1辺の長さが100 cm です。
辺の長さが100倍になると，面積は
100×100=10000(倍) になります。

> **チェックポイント** 単位の関係(かんけい)は下のようになります。
> 1 m^2=10000 cm^2
> 1 a=100 m^2
> 1 ha=100 a=10000 m^2
> 1 km^2=100 ha=1000000 m^2

2 (1)3×10000=30000(cm^2)
(2)40000÷10000=4(m^2)
(3)7500÷100=75(a)
(4)80×100=8000(a)
(5)①3×100=300(ha)
②1 ha=100 a=10000 m^2 より，
300×10000=3000000(m^2)

3 (1)80×80=6400(m^2)
6400÷100=64(a)
(2)2×3=6(km^2)
6×100=600(ha)
(3)400×50=20000(cm^2)
20000÷10000=2(m^2)
(4)600×1200=720000(m^2)
720000÷10000=72(ha)

●3日 6～7ページ

①28　②4　③4　④4000

1 (1)7 km　(2)8 m

2 (1)25 m^2　(2)15 m

3 (1)8 m　(2)4 m

4 (1)60 m　(2)18 a

とき方

1 (1)49=7×7 なので，正方形の1辺の長さは7 km です。

(2)長方形の横の長さ=面積÷たての長さ なので,
144÷18=8(m)

2 (1)5×5=25(m²)

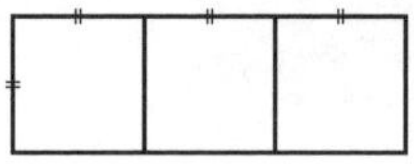

(2)問題の長方形は右の図のようになるので,1つの正方形の面積は,
75÷3=25(m²)
この正方形の1辺は(1)より5mなので,長方形の横の長さは,
5×3=15(m)

3 (1)正方形のまわりの長さ=1辺×4 なので,
1辺の長さは,32÷4=8(m)

(2)この正方形の面積は,8×8=64(m²)
よって,長方形のたての長さは,
64÷16=4(m)

4 (1)長方形のまわりの長さ
=(たての長さ+横の長さ)×2 なので,
たての長さ+横の長さ=180÷2=90(m)
よって,横の長さは,90−30=60(m)

(2) 1aは10m×10mなので,たてと横に10mがいくつあるかを考えて,長方形のたての長さは30m,横の長さは60mより,
3×6=18(a)

●4日 8～9ページ

①3 ②3 ③6 ④7 ⑤41 ⑥3 ⑦4
⑧49

1 (1)56 cm² (2)20 cm²
2 (1)51 cm² (2)34 cm²
3 (1)48 cm² (2)144 cm²
4 (1)128 cm² (2)9 cm²

とき方

1 (1)2つの長方形の和で求めると,
8×(10−8)+5×8=8×2+40=56(cm²)
大きい長方形から欠けている部分をひいて求めると,8×10−(8−5)×8=80−24=56(cm²)

(2)大きい長方形から欠けている部分をひいて求めると,4×(2+2+2)−2×2=24−4=20(cm²)
別解 2つの正方形と1つの長方形の和で求めると,2×2×2+(4−2)×(2+2+2)
=8+2×6=8+12=20(cm²)

2 (1)3×5+(3−1+4)×6=15+36=51(cm²)
(2)6×7−2×2×2=42−8=34(cm²)

3 (1)白い部分をつめると,たてが8cm,横が6cmの長方形になります。
面積は,8×6=48(cm²)

(2)1辺が9cmの正方形2こから,1辺が3cmの正方形2こ分をひいたものなので,
9×9×2−3×3×2=162−18=144(cm²)

4 (1)色のついた正方形と色のついていない正方形は,同じ面積で同じ数だけあるので,求める面積は,1辺が 2×8=16(cm) の正方形の面積の半分になります。
16×16÷2=256÷2=128(cm²)

(2)色のついている直角三角形と色のついていない直角三角形は,面積が同じで同じ数だけあるので,求める面積は,たて3cm,横6cmの長方形の面積の半分になります。
3×6÷2=18÷2=9(cm²)
別解 右側(みぎがわ)の色のついた部分の直角三角形を,左側の色のついていない部分にうつすと,1辺が3cmの正方形の面積になります。
よって,3×3=9(cm²)

●5日 10～11ページ

❶ (1)9 (2)3
❷ (1)20000cm² (2)25a
❸ (1)36cm² (2)105cm²
❹ 7cm
❺ (1)25m² (2)12ha
❻ (1)60m (2)24a
❼ (1)135cm² (2)368cm²

とき方

❶ (1)81=9×9 なので,1辺の長さは9mです。
(2)21÷7=3(km)

❷ (1)1 m²→1 cm²は「1×10000」なので,
2×10000=20000(cm²)
(2)1 m²→1 aは「1÷100」なので,
2500÷100=25(a)

❸ (1)3cm×3cmの正方形が4こあるから,面積は,3×3×4=9×4=36(cm²)
(2)5cm×7cmの長方形が3こあるから,面積は,
5×7×3=35×3=105(cm²)

❹ 長方形のたての長さ=面積÷横の長さ なので,
56÷8=7(cm)

❺ (1)まわりの長さが 20 m なので，正方形の１辺の長さは，20÷4=5(m)
面積は，5×5=25(m²)
(2)１ ha は 100m×100m なので，たてと横に 100 m がいくつあるかを考えて，
3×4=12(ha)

❻ (1)まわりの長さ=(たての長さ+横の長さ)×2 なので，たての長さ+横の長さ=まわりの長さ÷2 になります。
よって，200÷2=100(m)より，
たての長さは，100−40=60(m)
(2)１ a は 10m×10m なので，たてと横に 10 m がいくつあるかを考えて，
6×4=24(a)

❼ (1)白い部分をつめると，たてが 9 cm，横が 15 cm の長方形になるので，
面積は，9×15=135(cm²)
(2)１ 辺が 12 cm の正方形３こから，１ 辺が 4 cm の正方形４こ分をひけばよいので，
12×12×3−4×4×4
=432−64=368(cm²)

●6日 12～13ページ

①315　②324　③323

1 495，496，497，498，499，500，501，502，503，504

2 4049

3 いちばん小さい整数…6450
いちばん大きい整数…6549

4 13001

5 (1)いちばん小さい整数…234650
いちばん大きい整数…234749
(2)235000

6 (1)100 こ　(2)3980

とき方

1 一の位を切り上げるいちばん小さい数は５なので，495 がいちばん小さい整数です。一の位を切り捨てるいちばん大きい数は４なので 504 がいちばん大きい整数です。あてはまる整数は，
495，496，497，498，499，500，501，502，503，504 です。

チェックポイント 一の位を四捨五入(ししゃごにゅう)して，○になる整数は必(かなら)ず 10 こあります。また，十の位を四捨五入して，○になる整数は必ず 100 こあります。

2 十の位を切り捨てるいちばん大きい数は４なので，404●(●は 0～9 のどれでもよい)のうち，●がいちばん大きい数９を選(えら)んで，求める整数は 4049 です。

3 四捨五入して上から２けたのがい数にするので，上から３けた目を四捨五入して 6500 になる数について考えます。上から３けた目を切り上げるいちばん小さい数は５なので，645●(●は 0～9 のどれでもよい)のうち，●がいちばん小さい数０を選んで，6450 になります。
また，上から３けた目を切り捨てるいちばん大きい数は４なので，654●(●は 0～9 のどれでもよい)のうち，●がいちばん大きい数９を選んで，6549 になります。

4 百の位以下を切り上げることができるいちばん小さい数は○○001 なので，求める整数は，13001 になります。

5 (1)上から４けたまでのがい数にしたので，上から５けた目を四捨五入します。それが，234700 になったので，いちばん小さい整数は 234650，また，いちばん大きい整数は 234749 になります。
(2)234650 から 234749 までの整数の上から４けた目は６か７なので，四捨五入するとすべて 235000 になります。

6 (1)3950 から 4049 までの整数だから，そのこ数は，4049−3950+1=100(こ)
(2)(1)のうちいちばん小さい整数は 3950 で，これを１番目とすると 31 番目の整数は，
3950+31−1=3980 になります。

●7日 14～15ページ

①7000　②10000　③700　④1400000

1 およそ 80000 人

2 およそ 3200000 円

3 (1)およそ 300 m　(2)およそ 350 m
(3)家から本屋までの方がおよそ 50 m 遠い

4 (1)78499 こ　(2)62500 こ　(3)14001 こ

とき方

1 計算する前に千の位までのがい数にします。

45382→45000，34587→35000

45000+35000=80000(人)

> チェックポイント　がい数で答えるときは必ず答えに「およそ」，「約」などをつけて答えます。

2 計算する前に上から1けたのがい数にします。

3890→4000，824→800

4000×800=3200000(円)

3 (1)計算する前に上から1けたのがい数にします。

63→60，523→500

60×500=30000(cm)

30000÷100=300(m)

(2)計算する前に上から1けたのがい数にします。

54→50，658→700

50×700=35000(cm)

35000÷100=350(m)

(3)300 m と 350 m はともに十の位までのがい数になっています。

350−300=50(m)

4 (1)(2)A 工場の生産こ数は，百の位を四捨五入して，78000 こになっているので，77500 こから 78499 この間になります。B 工場の生産こ数は，百の位を四捨五入して，63000 こになっているので，62500 こから 63499 この間になります。

(3)求めるこ数は，A 工場の生産こ数がもっとも少ないときのこ数−B 工場の生産こ数がもっとも多いときのこ数 になるので，

77500−63499=14001(こ)

●8日 16～17ページ

①4　②6　③2　④2

1 (1)$\frac{8}{11}$ km　(2)$\frac{2}{11}$ km

2 3 ha

3 $\frac{5}{7}$ L

4 $\frac{8}{7}$ L

とき方

1 分数のたし算とひき算は，分母はそのままにして，分子だけをたしたりひいたりします。

(1)$\frac{3}{11}+\frac{5}{11}=\frac{8}{11}$(km)

(2)$\frac{5}{11}-\frac{3}{11}=\frac{2}{11}$(km)

2 $\frac{13}{8}+\frac{11}{8}=\frac{24}{8}=3$(ha)

3 $\frac{6}{7}-\frac{1}{7}=\frac{5}{7}$(L)

4 順にぎゃく算して求めます。$\frac{4}{7}$ L つぎたして最後に残ったスープの量は $\frac{6}{7}$ L ですから，つぎたす前は，$\frac{6}{7}-\frac{4}{7}=\frac{2}{7}$(L) 残っていました。

まみさんと父と母で合わせて，

$\frac{1}{7}+\frac{3}{7}+\frac{2}{7}=\frac{6}{7}$(L) を自分の皿に入れたので，

最初にあったスープの量は，$\frac{2}{7}+\frac{6}{7}=\frac{8}{7}$(L) になります。

●9日 18～19ページ

①$\frac{11}{9}$　②2　③7　④14　⑤25　⑥5　⑦9

⑧3

1 (1)6 L　(2)紅茶が $1\frac{3}{7}$ L 多い

2 (1)$3\frac{5}{7}$ m　(2)$1\frac{2}{7}$ m

3 (1)$5\frac{3}{11}$　(2)$6\frac{8}{11}$

4 (1)$4\frac{2}{4}$ m^2　(2)$\frac{3}{4}$ m^2

とき方

1 (1)帯分数のままたし算をします。

$3\frac{5}{7}+2\frac{2}{7}=5\frac{7}{7}=6$(L)

(2)$3\frac{5}{7}-2\frac{2}{7}=1\frac{3}{7}$(L)

2 (1)$5-\frac{9}{7}=4\frac{7}{7}-1\frac{2}{7}=3\frac{5}{7}$(m)

(2)$3\frac{5}{7}-2\frac{3}{7}=1\frac{2}{7}$(m)

3 (1)ある数から $1\frac{5}{11}$ をひけば，$3\frac{9}{11}$ になるので，ある数は，

$3\frac{9}{11}+1\frac{5}{11}=4\frac{14}{11}=5\frac{3}{11}$

(2)$5\frac{3}{11}+1\frac{5}{11}=6\frac{8}{11}$

4 (1)大きい順に $2\frac{2}{4}$，2，$1\frac{3}{4}$ となるので，大きい順に上から2つをたして求めます。

$2\frac{2}{4}+2=4\frac{2}{4}$(m²)

(2)もっとも大きいものからもっとも小さいものをひいて求めます。

$2\frac{2}{4}-1\frac{3}{4}=1\frac{6}{4}-1\frac{3}{4}=\frac{3}{4}$(m²)

●10日 20～21ページ

❶ (1)3749 (2)99
❷ (1)およそ 540 こ (2)およそ 500 こ
❸ およそ 24000 円
❹ 127999
❺ (1)$1\frac{8}{9}$ (2)$1\frac{3}{9}$
❻ (1)$7\frac{4}{5}$ m

(2)青いテープと白いテープで，$\frac{2}{5}$ m

とき方

❶ (1)十の位を切り捨てるいちばん大きい数は4なので，374●(●は 0～9 のどれでもよい)のうち，●がいちばん大きい数9を選んで，求める整数は 3749 です。

(2)十の位を切り上げるいちばん小さい数は5なので，365●(●は 0～9 のどれでもよい)のうち，●がいちばん小さい数0を選んで，いちばん小さい整数は 3650 になります。
したがって，いちばん大きい整数といちばん小さい整数の差は，
3749−3650=99

❷ (1)上から2けたのがい数にしてから，計算します。80563→81000，145→150
81000÷150=540(こ)

(2)上から2けたのがい数にしてから，計算します。
69524→70000，135→140
70000÷140=500(こ)

❸ 上から1けたのがい数にしてから，計算します。
38→40，580→600
600×40=24000(円)

❹ 四捨五入して，上から2けたのがい数にするので，上から3けた目を四捨五入して 64000 になる数について考えます。
上から3けた目を切り上げるいちばん小さい数は5なので，635●●(●は 0～9 のどれでもよい)のうち，いちばん小さい数 00 を選んで，63500 になります。
また，上から3けた目を切り捨てるいちばん大きい数は4なので，644●●(●は 0～9 のどれでもよい)のうち，いちばん大きい数 99 を選んで，64499 になります。よって，
63500+64499=127999

❺ (1)ある数に $\frac{5}{9}$ をたすと，$2\frac{4}{9}$ になるので，

ある数は，$2\frac{4}{9}-\frac{5}{9}=1\frac{13}{9}-\frac{5}{9}=1\frac{8}{9}$

(2)正しい答えは，$1\frac{8}{9}-\frac{5}{9}=1\frac{3}{9}$

❻ (1)いちばん長いテープと2番目に長いテープをはり合わせると，いちばん長いテープになります。

$4\frac{1}{5}+3\frac{3}{5}=7\frac{4}{5}$(m)

(2)テープを長い順にならべると，黒，赤，青，白になります。黒ー赤，赤ー青，青ー白をくらべて，差がいちばん小さいのは，青いテープと白いテープの差で，$2\frac{4}{5}-2\frac{2}{5}=\frac{2}{5}$(m) になります。

●11日 22～23ページ

①0.9 ②5.4
1 2.7 kg
2 32.4 cm²
3 137.6 kg
4 (1) 21.6 L (2) 135 L
5 103.6 km

6 464.8 L

7 20.2 cm

とき方

1 小数でも，整数と同じようにかけ算ができます。
0.3×9=2.7(kg)

2 5.4×6=32.4(cm^2)

3 3.2×43=137.6(kg)

4 (1)1.8×12=21.6(L)
(2)1.8×75=135(L)

5 4 週間は 28 日なので，
3.7×28=103.6(km)

6 1 時間 23 分は，60+23=83(分) なので，
5.6×83=464.8(L)

7 7.2 cm の紙3まい分から，0.7 cm ののりしろ2つ分をひいて求(もと)めます。
7.2×3−0.7×2=21.6−1.4=20.2(cm)

●12日 24～25ページ

①4.8 ②0.6 ③4 ④0.5

1 0.4 kg

2 (1) 28.7 a (2) 12.3 a

3 0.4 m

4 0.7 m

5 0.75 L

6 (1) 102.9 (2) 720.3

7 0.54 kg

とき方

1 小数でも，整数と同じようにわり算ができます。
3.2÷8=0.4(kg)

2 (1)86.1÷3=28.7(a)
(2)86.1÷7=12.3(a)

3 わる数>わられる数 のときも，小数で答えることができます。2÷5=0.4(m)

4 17.5÷25=0.7(m)

5 残った水の量から，分けた水の量を求めます。
(26.4−1.65)÷33=24.75÷33
=0.75(L)

6 (1)ある小数を7でわると，14.7 になったので，
ある小数は，
14.7×7=102.9 になります。
(2)102.9×7=720.3

7 33−1.64×3=33−4.92=28.08(kg)
28.08÷(55−3)=28.08÷52=0.54(kg)

●13日 26～27ページ

①8 ②5.2 ③7.65

1 (1)15 本できて，1.5L あまる。
(2)5.25L

2 (1)3.8 cm (2)7.6 cm

3 (1)0.24 kg (2)0.264 kg

4 (1)0.75 kg (2)7 つできて，0.4 kg あまる。

5 (1)263.68 (2)4

とき方

1 (1)小数のわり算で，答えが整数でしか表せないとき，わり算は一の位までして，小数であまりを出します。
31.5÷2=15(本)あまり1.5(L)
(2)31.5÷6=5.25(L)

2 (1)30.4÷8=3.8(cm)
(2)3.8 にもっとも近い整数は4なので，
30.4÷4=7.6(cm)

3 (1)7.92÷33=0.24(kg)
(2)7.92÷30=0.264(kg)

4 (1)6÷8=0.75(kg)
(2)(1)より，8つに分けると 6 kg ではたりないので，7 つに分けてみます。
6−0.8×7=6−5.6=0.4(kg)
となり，うまく分けることができます。

5 (1)ある小数÷8=4.12 なので，
ある小数=4.12×8=32.96 となります。正しい答えは，これに8をかけるので，
32.96×8=263.68
(2)3 でわると，263.68÷3=87.89333… となり，わり切れません。次に小さい整数の4でわると，263.68÷4=65.92 となり，わり切れるもっとも小さい整数を見つけることができます。

●14日 28～29ページ

①4.7 ②6 ③0.8 ④172.8 ⑤1.6

1 (1)およそ 4 kg (2)2.8 倍

2 およそ 0.2 L

3 (1) 0.65 m (2)およそ 0.72 m
(3)ひろさんの方が 26.2 m 長い

4 (1)A…およそ 28.3 km　B…およそ 29.6 km
(2)1478.75 km

とき方

1 (1)上から1けたのがい数で答えるときは，上から2けた目を四捨五入します。

22.4÷6=3.7……→4

(2)何倍かを表すときも，小数が使えます。

22.4÷8=2.8(倍)

2 小数第一位までのがい数で答えるときは，小数第二位までわり算をして，その位を四捨五入します。

5.6÷33=0.16…→0.2

3 (1)54.6÷84=0.65(m)

(2)上から2けたのがい数で答えるので，上から3けた目を四捨五入します。

68.8÷96=0.716…→0.72

(3)ひろさんの 252 歩は 84 歩の
252÷84=3(倍) なので，進んだきょりは
54.6 m の3倍で，54.6×3=163.8(m)
姉の 192 歩は 96 歩の 192÷96=2(倍) なので，進んだきょりは 68.8 m の 2 倍で，
68.8×2=137.6(m) になります。
163.8−137.6=26.2(m) より，ひろさんの方が 26.2 m 長く歩くことになります。

4 (1)A…992÷35=28.34…→28.3

B…1183÷40=29.57…→29.6

(2)(1)より，B の車の方が 1 L のガソリンでより長いきょりを走ります。
B は，1183÷40=29.575 なので，
1 L で 29.575 km 走ります。
50 L では，
29.575×50=1478.75(km) になります。

チェックポイント (2)はがい数で求めなさいとは書いていないので，(1)のがい数を使うとはかぎりません。この問題では B の車が 1 L で走るきょりは正かくに 29.575 km とわかるので，これを 50 倍して求めます。

別解　50÷40=1.25(倍) より，B の車は，1183 km の 1.25 倍のきょりを走ります。
よって，1183×1.25=1478.75(km) 走ります。

●15日 30～31 ページ

❶ 0.75 cm
❷ 8 ふくろできて，2.7 kg あまる
❸ およそ 0.33 L
❹ 7.2 L
❺ 0.68 L
❻ 27.9 m
❼ 22.4 kg
❽ 65.4 g
❾ 45.4 cm
❿ 38.4 L

とき方

❶ 9÷12＝0.75(cm)

❷ 小数のわり算で答えが整数でしか表せないとき，わり算は一の位までして，小数であまりを出します。
26.7÷3=8(ふくろ) あまり 2.7(kg)

❸ 上から 2 けたのがい数にするので，上から 3 けた目を四捨五入します。
3÷9=0.333…→0.33

❹ 最初 1.8 L 入りのよう器が 6 こあったので，灯油は，1.8×6=10.8(L) ありました。36 dL は，3.6 L なので，この分をひいて，使った灯油は，
10.8−3.6=7.2(L)

❺ 8.6 dL は 0.86 L なので，9.7 L からこの分をひいて 13 でわれば，1 人分の量を求めることができます。
(9.7−0.86)÷13=8.84÷13=0.68(L)

❻ みきさんは 24 m 投げ，としえさんはみきさんの 1.2 倍のきょりを投げたから，としえさんの投げたきょりは，24×1.2=28.8(m)
なおさんは，としえさんより 0.9 m 近くに投げたので，なおさんの投げたきょりは，
28.8−0.9=27.9(m)

❼ 兄の体重が 40 kg で，姉の体重はこれの 0.8 倍だから，姉の体重は，
40×0.8=32(kg)
さらに，かおるさんの体重は姉の体重の 0.7

倍なので，かおるさんの体重は，
32×0.7=22.4(kg)

⑧ 592.2gから23.4gとチョコレートケーキ3こ分の80.6×3=241.8(g)をひくと，チーズケーキ5こ分の重さになるので，チーズケーキ1この重さは，
(592.2−23.4−241.8)÷5
=327÷5=65.4(g)

⑨ 9.8cmの紙5まい分から，0.9cmののりしろ4つ分をひいて求めます。
9.8×5−0.9×4=49−3.6=45.4(cm)

⑩ この自動車が137.2km走るのに使ったガソリンは，137.2÷14=9.8(L)になります。よって，はじめに入っていたガソリンは，
28.6+9.8=38.4(L)

●16日 32〜33ページ

①5　②4　③3　④2　⑤1　⑥6

1 左から順に，400，380，200，180，100

2 (1)左から順に，80，70，60，20，10
(2)○+□=90
(3)53cm

3 (1)左から順に，1，2，3，59，60
(2)○−□=9
(3)107羽

とき方

1 あきさんの飲んだ牛にゅうと弟の飲んだ牛にゅうの量の合計は，いつも500mLになります。

2 (1)もとは90cmのリボンなので，左のリボンと右のリボンの長さの合計は，いつも90cmになります。
(2)(1)より，○+□=90になります。
(3)(2)より，37+□=90なので，□は，
90−37=53(cm)になります。

3 (1)まことさんは，最初の30分間で9羽折っているので，まことさんの折ったツルは，ゆうこさんの折ったツルより，いつも9羽多くなっています。
(2)(1)より，○−□=9になります。
(3)(2)より，116−□=9なので，□は，
116−9=107(羽)になります。

●17日 34〜35ページ

①20　②15　③12　④10　⑤60

1 左から順に，90，45，30，18，15，10

2 (1)左から順に，6，9，12，15
(2)□=○×3(または，○=□÷3)

3 (1)左から順に，800，1200，1600，2000，2400
(2)□=4×○　(3)2400g

とき方

1 長方形の面積は，たての長さ×横の長さなので，たての長さは，90÷横の長さで求めることができます。

2 (1)まわりの長さ=1辺の長さ×3という関係があるのでこれを利用して求めます。
(2)(1)より，□=○×3になります。

3 (1)4×牛肉の量で求めます。
(2)(1)より，□=4×○となります。
(3)(2)より，9600=4×○なので，
○=9600÷4=2400

●18日 36〜37ページ

①5　②7　③9　④11　⑤1　⑥24　⑦12

1 (1)左から順に，7，10，13，16
(2)□=3×○+1

2 (1)左から順に，10，16，28，34
(2)□=6×○−2(または，□+2=6×○)
(3)70cm

とき方

1 (1)正方形の数が1こふえるごとに，マッチぼうの数は3本ずつふえます。
(2)(1)より，3×○をもとに考えます。○=1のとき□=4なので，□=3×○+1になります。

2 (1)1だんと2だんをくらべると，右の図のように，太線の部分だけ，つまり6cmだけふえています。2だんと3だんをくらべると，

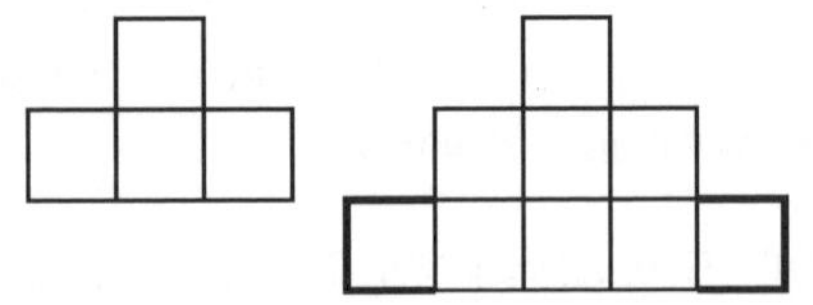

上の図のように，太線の部分6cmだけふえて

います。この関係から，1だんのときのまわりの長さ4cmに6cmずつ加えていけばよいとわかります。

4+6=10(cm)，10+6=16(cm)，
22+6=28(cm)，28+6=34(cm)

(2)6×○をそれぞれ求めると，左から順に，
6，12，18，24，30，36，……
となります。これとまわりの長さをならべると，
4，10，16，22，28，34，……
これらをくらべて，6×○=□+2とわかります。答えは，□=6×○−2になります。

(3)○が12のとき，(2)より，
□=6×12−2=70(cm)になります。

●19日 38～39ページ

①6 ②8 ③10 ④12 ⑤2

ペンキの量と重さ
□(kg) 10 5 0 5 ○(L)

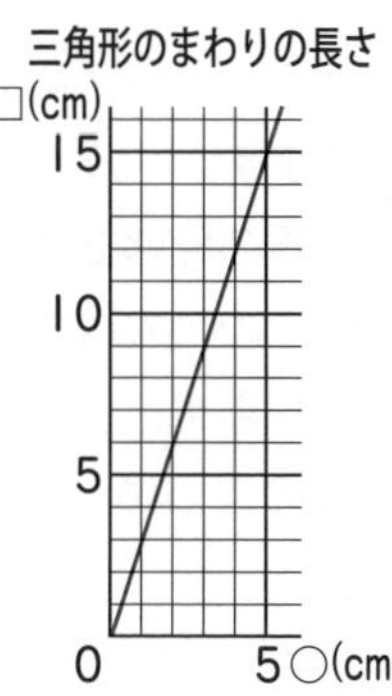

1 (1)表は左から順に，
6，9，12，15　□=○×3

(2)右上のグラフ

2 (1)10cm
(2)□=○×10
(3)50cm

3 (1)たての長さ…
左から順に，
6，7，8
横の長さ…
左から順に，
7，6，5

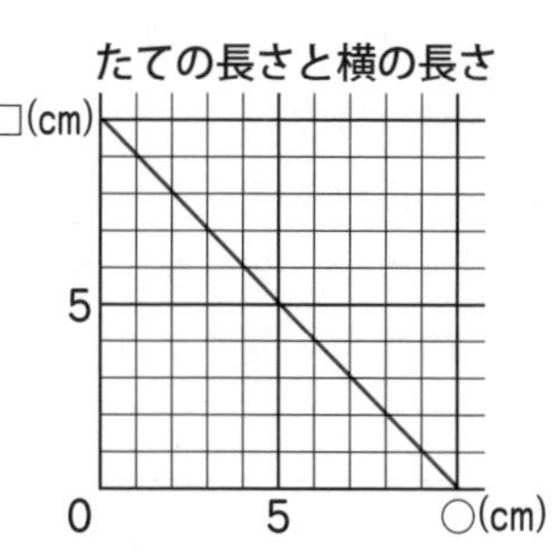

(2)○+□=10
(または，○=10−□，□=10−○)
(3)右のグラフ (4)5cm

とき方

1 (1)まわりの長さ=1辺の長さ×3となります。

2 (1)9時間のとき90cmで，10時間のとき100cmなので，100−90=10(cm)

(2)グラフから，□=○×10になります。

(3)グラフを左下へのばしてみると，5時間のときは50cmになります。
(2)で求めた式の○に，5をあてはめても求めることができます。

3 (1)たての長さ+横の長さ=20÷2=10を用いて求めます。

(2)(1)より，○+□=10になります。

(4)まわりの長さが一定である四角形の面積がいちばん大きくなるのは，正方形になるときなので，1辺の長さは，10÷2=5(cm)になります。

●20日 40～41ページ

❶ (1)左から順に，12，17 (2)27cm
(3)10こ

❷ (1)150円 (2)850円

❸ (1)ゆうた…左から順に，6，7
妹…左から順に，6，5，4

(2)

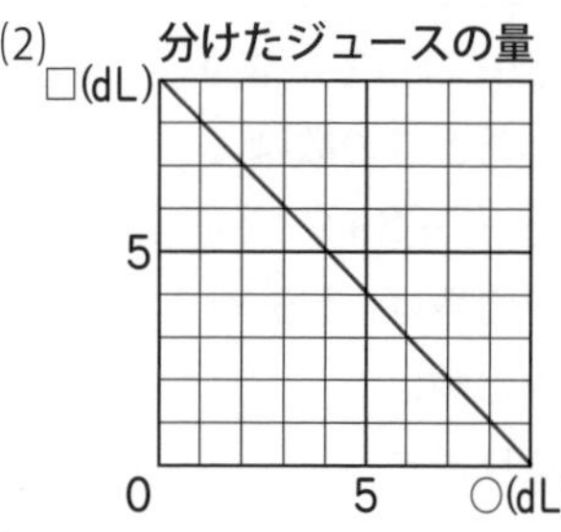

❹ (1)左から順に，3，5，7，9
(2)左から順に，4，6，8，10
(3)左から順に，55，66，78
(4)17だん

とき方

❶ (1)はじめの1こは，1+5+1=7(cm)で，次から1こつなげるごとに，5cmずつ長くなります。このことから，
7+5=12，12+5=17となります。

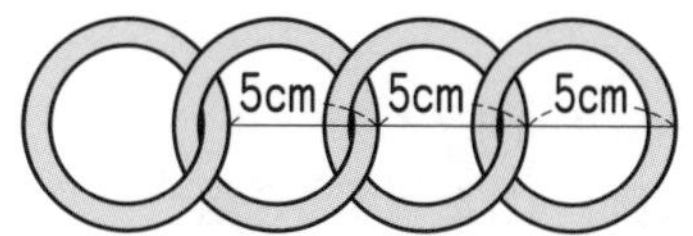

(2)7+5+5+5+5=27(cm)

(3)はしからはしまでの長さから2cmをひいて，5でわれば，こ数を求めることができます。
(52−2)÷5=50÷5=10(こ)

別解 リングの数を○こ，はしからはしまでの長さを□ cm とすると，□=5×○+2 になります。
52=5×○+2 より，5×○=52−2
5×○=50 ○=10

❷ (1)折れ線グラフを左下にのばしていくと，0 m のとき 150 円になります。これがふくろの代金です。
(2)14×50+150=700+150=850(円)

❸ (1) ゆうたがもらう量+妹がもらう量=9(dL) から求めます。

❹ (1)黒い丸だけを見ると，だんがふえると丸が2こずつふえていることがわかります。
1+2=3，3+2=5，5+2=7，7+2=9
(2)白い丸だけを見ると，だんがふえると丸が2こずつふえていることがわかります。
2+2=4，4+2=6，6+2=8，8+2=10
(3)

だんの数(だん)	1	2	3	4	5
黒い丸と白い丸を合わせた数(こ)	1	3	6	10	15

上のような関係があります。左下の数と右上の数をたすと右下の数になっています。このことから，10 だん積んだときの数は，
1+2+3+4+5+6+7+8+9+10=55
11 だん積んだときの数は，55+11=66，
12 だん積んだときの数は，
66+12=78 になります。
(4)(3)を続(つづ)けて計算します。78+13=91，
91+14=105，105+15=120，
120+16=136，136+17=153
よって，黒い丸と白い丸を合わせた数が 153 このときは，17 だんになります。

● 21 日 42 ~ 43 ページ

①6 ②8 ③12 ④4 ⑤2

1 (1)4 本 (2)12 本 (3)30 cm² (4)6 つ (5)8 つ
2 (1)8 つ (2)6 つ (3)72 cm
3 (1)2 つずつ3組 (2)4 本ずつ3組 (3)6 つ (4)12 本
4 ○+□=△+2

とき方

1 (1)直方体では，同じ長さの辺は4本ずつ3組あります。
(2)4×3=12(本)
(3)いちばん大きい面は，たて 5 cm，横 6 cm の長方形になります。5×6=30(cm²)
(4)上下に2つ，左右に2つ，前後に2つで合計6つになります。
(5)上の面に4つ，下の面に4つで合計8つになります。

2 (1)上の面に4つ，下の面に4つで合計8つになります。
(2)上下に2つ，左右に2つ，前後に2つで合計6つになります。
(3)6 cm の辺が 12 本あるので，
6×12=72(cm)

3 (1)形も大きさも同じ面は，上の面と下の面，左の面と右の面，前の面と後ろの面の2つずつ3組あります。
(2)右の図のように，4 本ずつ3組あります。
(3)さいころの形は立方体です。さいころの目の数と同じで，6つあります。
(4)右の図のように，12 本あります。

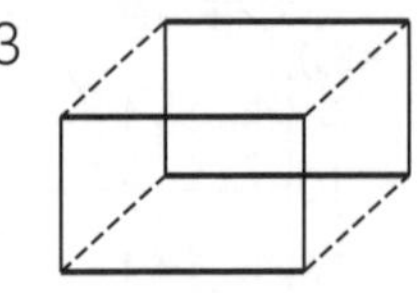

4 ○+□=6+8=14 また，
△=12 なので，△+2 で等しくなります。
よって，○+□=△+2 になります。

● 22 日 44 ~ 45 ページ

①キ ②エ ③カ(②，③は入れかわってもよい。)
④サコ ⑤サシ

1 (1)点シ (2)点ケ (3)辺クキ
2 (1)点シ (2)点サ，点ス
(3)辺ケク，辺キク
3 (1)

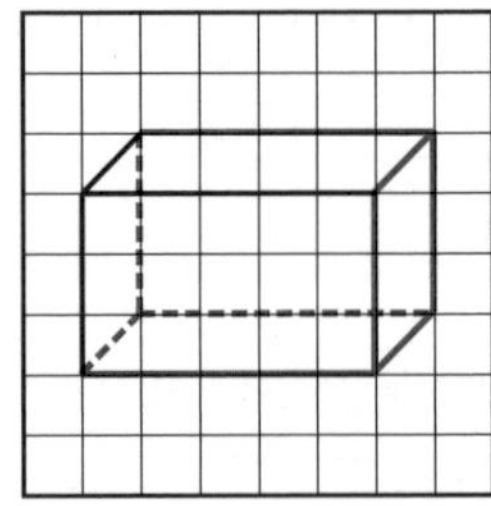

(2)

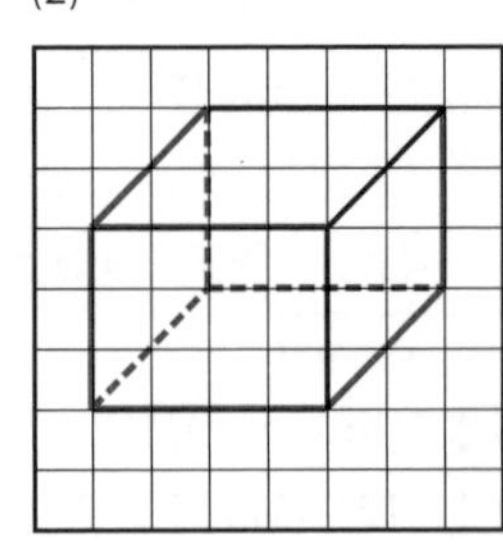

4

とき方

1 それぞれ重なる点は，右の図のようになります。

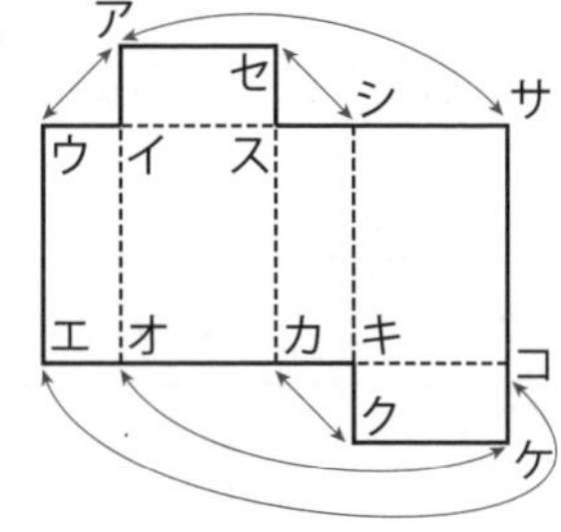

(1)点セは点シと重なります。

(2)点オは，点ケと重なります。

(3)点カが点クに重なるので，辺カキは辺クキと重なります。

2

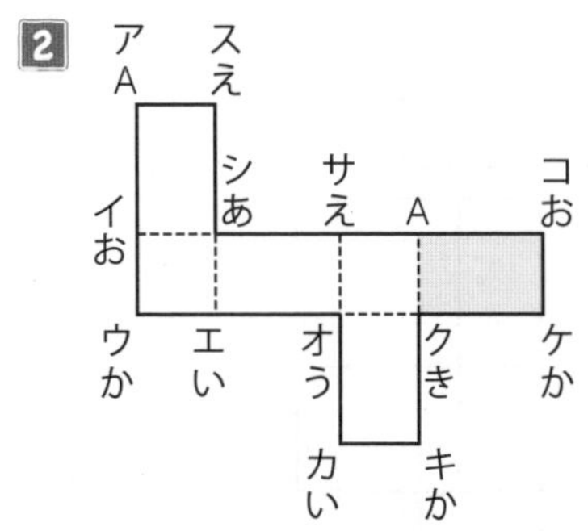

図1をてん開して図2と重ねると，上の図のように頂点(ちょうてん)が重なります。

(1)図を見て答えます。点あは，点シになります。

(2)点えは，点サおよび点スになります。

(3)辺かきは，辺ケクおよび辺キクになります。

> **チェックポイント** 点かは点ケと点キに，点きは点クに対応(たいおう)するので，その順(じゅん)じょどおりに答えます。

3 各辺(かくへん)は，上または下に目もり○こ分，右または左に目もり□こ分と一定の変化(へんか)になっています。そのことに注意しながら，線をかいていき完成させます。

4 問題の図は，3つの立方体を重ねたいちばん上の立方体の一部です。その下に立方体の見取図をかいていきます。見えない辺に気をつけて線をかいていき完成させます。

●23日 46～47ページ

①アオ　②ウキ　③エク

(①，②，③は入れかわってもよい。)

④アオクエ　⑤ウキクエ

(④，⑤は入れかわってもよい。)

⑥エウキク　⑦4

⑧アイウエ　⑨オカキク

(⑧，⑨は入れかわってもよい。)

1 (1)辺イウ，辺カキ，辺オク

(2)辺アオ，辺アイ，辺エク，辺エウ

2 (1)辺しう，辺すせ(または，辺さこ)，辺かけ

(2)辺すせ(または，辺さこ)，辺かさ，辺しう，辺しお

(3)面㋕

(4)面㋑，面㋒，面㋔，面㋕

(5)12本

3 (1)辺すか，辺せお，辺あい(または，辺さこ)

(2)4本

(3)面㋐

(4)面㋑，面㋒，面㋓，面㋕

とき方

1 (1)1つの辺に平行な辺は3本あります。

(2)1つの辺に垂直な辺は4本あります。

2 (1)それぞれの点は，右の図のように重なります。重なる点の組を(○，□)で表すことにします。

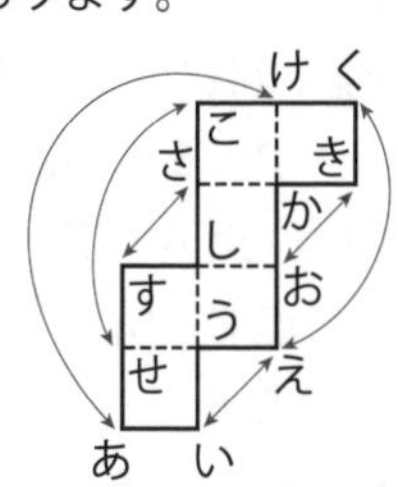

(点あ，点け)，(点い，点え，点く)，(点お，点き)，(点こ，点せ)，(点さ，点す)，これらが重なります。

辺おえと平行になる辺は3本あって，辺しう，辺すせ(辺さこ)，辺かけになります。

辺きくは，辺おえと重なるので答えにはなりません。

(2)1つの辺に垂直になる辺は4本あります。

(3)1つの面に平行になる面は1つあります。組み立てたとき，面㋑と向かい合う面です。

(4)1つの面に垂直になる面は4つあります。組み立てたとき，面㋐ととなり合う面です。

(5)立方体なので，すべての辺が同じ長さになっています。

3 重なる点は，次の図のようになります。

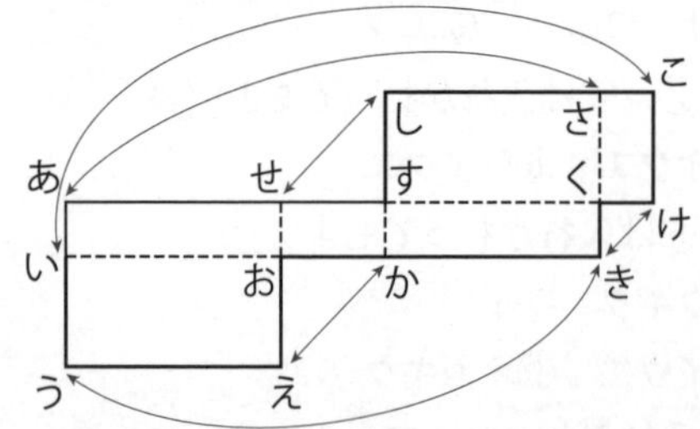

(1)辺すか，辺せお，辺あいが平行な辺になりますが，重なる点(点あ，点さ)，(点い，点こ)があるので，辺あいのかわりに辺さこでもかまいません。

(2)直方体で１つの辺に垂直になる辺は，４本あります。

(3)直方体では，ある面に平行になる面は，形も大きさも同じになっています。面㋔と形も大きさも同じ面をさがします。

(4)直方体や立方体では，ある面に垂直になる面は，すぐ横にある面になっており，４つあります。

●24日 48～49ページ

①4　②0　③5　④2

1 ㋑…(5，1)，㋒…(2，3)

2 頂点C…(5，0，4)，頂点D…(5，2，0)，頂点E…(5，2，4)

3 (1)点A…(2，1)，点B…(4，1)，点C…(4，7)，点D…(7，7)，点E…(8，10)

(2)点A

4 点B…(4，4，0)，点C…(4，4，3)，点D…(0，4，3)，点E…(0，6，3)，点F…(4，6，3)

とき方

1 (横の目もり，たての目もり)で表します。

2 (横の目もり，たての目もり，高さの目もり)で表します。

3 (1)(0，0)から横へ2，たてへ1進めば点Aになるので，点A(2，1)になります。点Aから横へ2進めば点Bになるので，点B(4，1)，点Bからたてへ6進めば点Cになるので，点C(4，7)，点Cから横へ3進めば点Dになるので，点D(7，7)，点Dからたてへ3，横へ1進めば点Eになるので，点E(8，10)になります。

4 (横の目もり，たての目もり，高さの目もり)で表します。

点Bは(0，0，0)から横4m，たて4m，高さ0mの位置にあるので(4，4，0)と表します。点Cは(0，0，0)から横4m，たて4m，高さ3mの位置にあるので(4，4，3)，点Dは(0，0，0)から横0m，たて4m，高さ3mの位置にあるので(0，4，3)と表します。点Eと点Fも同じようにして求(もと)めます。

●25日 50～51ページ

1 (1)4本　(2)4つ　(3)2つ　(4)52 cm

2

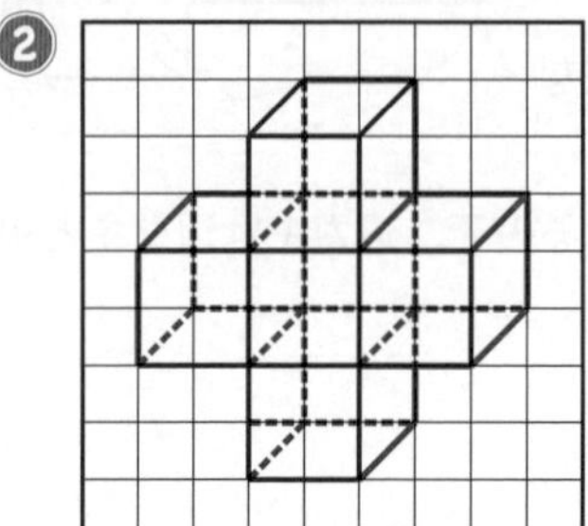

3

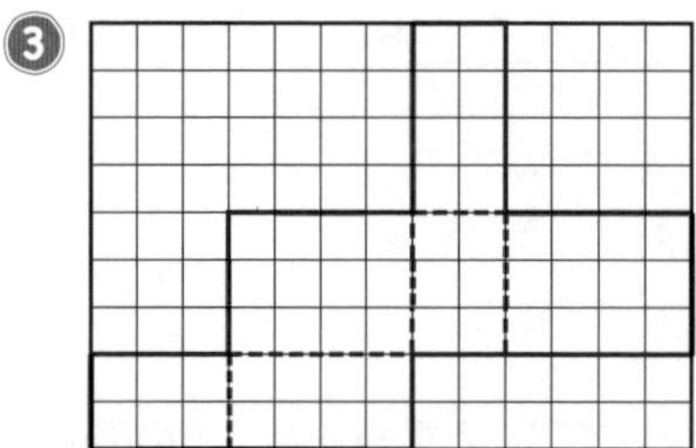

4 (1)頂点か　(2)2組

(3)辺えお(または，辺えう)，辺させ，辺しす(または，辺くき)

(4)面㋓　(5)面㋑，面㋒，面㋔，面㋕

5 点B…(3，4，5)，点C…(3，6，5)，点D…(0，6，10)

とき方

1 (1)問題の図で考えると，ななめ右上に上がる辺が3cmの辺で，4本あります。

(2)上下の面に2つ，左右の面に2つで合計4つあります。

(3)直方体は，形も大きさも同じ面が，2つずつ3組あるので，たて4cm，横6cmの長方形の面は2つあります。

(4) 3cmの辺が4本，4cmの辺が4本，6cmの辺が4本あるので，

3×4+4×4+6×4=(3+4+6)×4=13×4
=52(cm)

❷ まず，外側(そとがわ)の線をかきます。そのときに，横の線とたての線は必(かなら)ず2目もりの長さにします。また，ななめの線は1目もりにします。次に，かくれて見えない線を点線でかいて完成させます。

❸ 外側の線は，おおまかにかいてあるので，その線をのばしたり，間をつないだりしてかきます。次に，内側の線を点線でかきます。

❹ 重なる点は次の図のようになります。

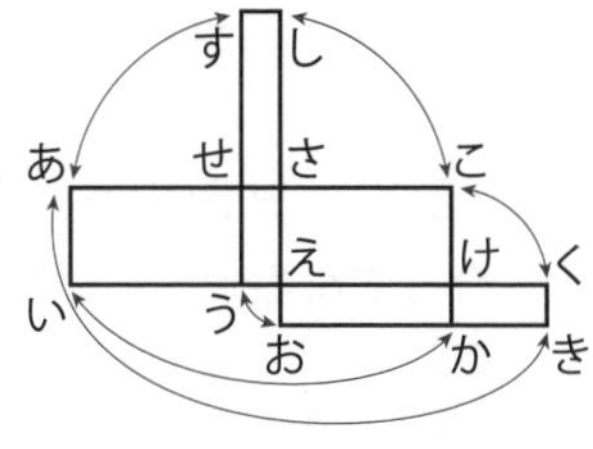

(1)頂点いは頂点かと重なります。

(2)頂点あは，頂点すと頂点きと重なります。また，頂点こは，頂点くと頂点しと重なります。

(3)辺けかの長さと同じ辺を見つけて答えます。重なる辺があるので，注意して答えます。

(4)直方体では，平行な面は形も大きさも同じになっています。面㋐と形も大きさも同じ面を見つけます。

(5)直方体や立方体では，ある面と垂直な面は，必ず横にあります。

❺ (横の目もり，たての目もり，高さの目もり)で答えます。それぞれの点が，(0，0，0)から横何 m，たて何 m，高さ何 m の位置(いち)にあるのかを求(もと)めて答えます。

●26日 52～53ページ

①3000　②2　③6500

1 (1)2360円

(2)高い本…1300円，安い本…1180円

2 まさみさん…102こ，めぐみさん…78こ

3 (1)3000円

(2)姉…2500円，かなさん…1500円

4 兄…420g，まさとさん…360g

5 大きい数…13，小さい数…8

とき方

1 (1)2480円から，ちがいの120円をひくと，安い本のねだんの2倍になります。

2480−120=2360(円)

(2)2360円は，安い本の2倍の金がくなので，安い本のねだんは，

2360÷2=1180(円)

高い本は，1180円に120円をたして，

1180+120=1300(円)

2

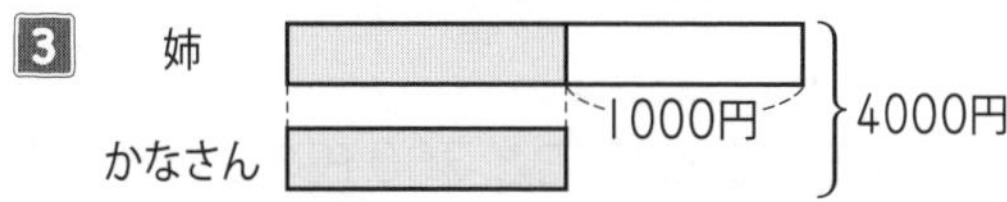

180こから24こをひくと，めぐみさんの2倍になっているので，めぐみさんのこ数は，

(180−24)÷2=156÷2=78(こ)

まさみさんは，めぐみさんのこ数に24こをたして，

78+24=102(こ)

3

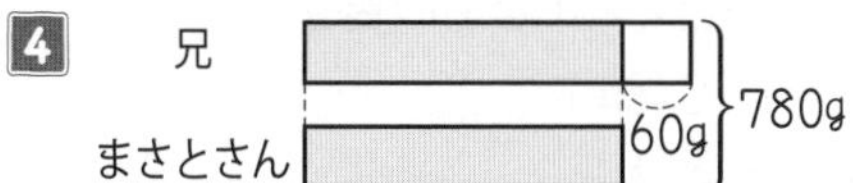

(1)4000円から1000円をひくと，かなさんの金がくの2倍になっています。

4000−1000=3000(円)

(2)(1)の答えは，かなさんの金がくの2倍になっているので，かなさんの金がくは，

3000÷2=1500(円)

また，姉の金がくは，かなさんの金がくに1000円をたして，

1500+1000=2500(円)

4

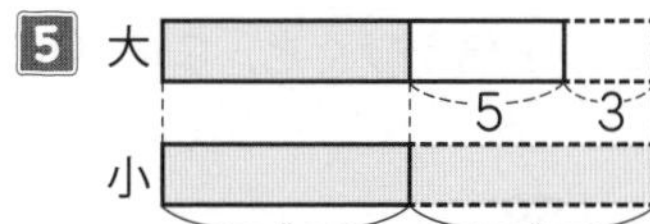

780gから60gをひくと，まさとさんの2倍になっているので，まさとさんのからあげの重さは，

(780−60)÷2=720÷2=360(g)

兄のからあげの重さは，まさとさんのからあげの重さに60gをたして，

360+60=420(g)

5

大　5　3

小

図より色のついた部分が8になるので，小さい数は8になります。また大きい数は，

8+5=13 になります。

●27日 54～55ページ

①90　②30　③50　④70

1 3600円

2 (1)510 cm

(2)兄…240 cm，姉…190 cm，
かいとさん…170 cm

3 (1)159

(2) A…70，B…63，C…53

4 (1)9000円

(2)ひろさん…6100円，弟…4100円，
妹…1800円

とき方

1

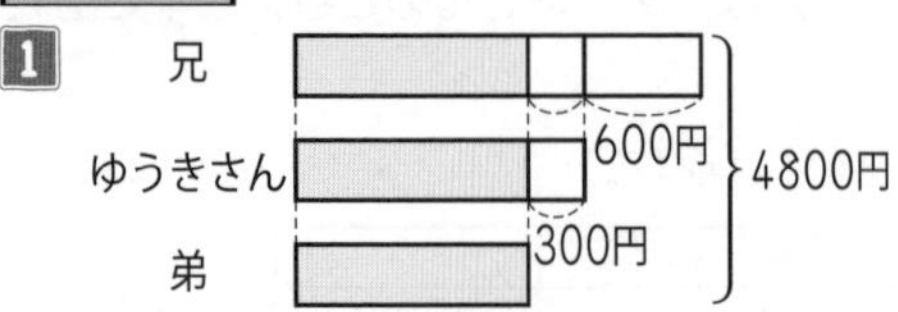

4800円から600円と300円の2倍をひくと，弟の金がくの3倍になるので，

4800−600−300×2=3600(円)

2 (1)

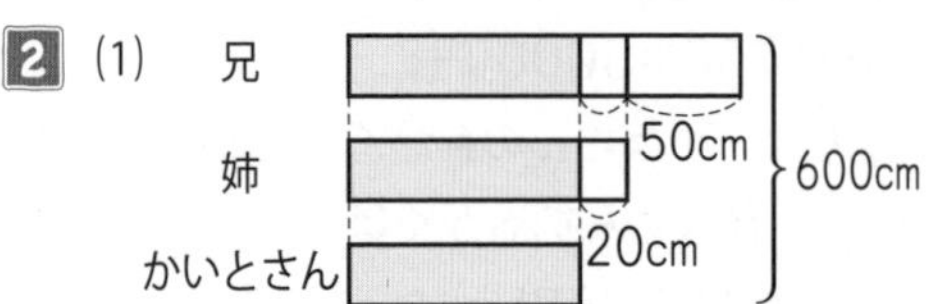

600 cmから50 cmと20 cmの2倍をひくと，かいとさんの3倍になるので，

600−50−20×2=510(cm)

(2)(1)より，かいとさんのひもの長さは，

510÷3=170(cm)

姉のひもの長さは，

170+20=190(cm)

兄のひもの長さは，

190+50=240(cm)

3 (1)

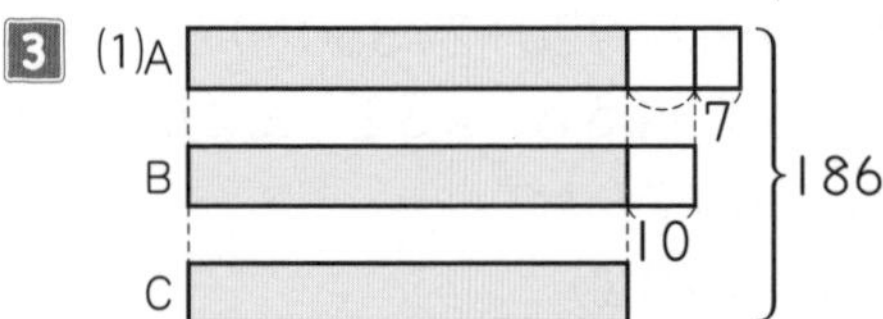

186から7と10の2倍をひくと，Cの3倍になるので，

186−7−10×2=159

(2)(1)より，Cは，159÷3=53

BはCに10をたして，

53+10=63

AはBに7をたして，

63+7=70

4 (1)

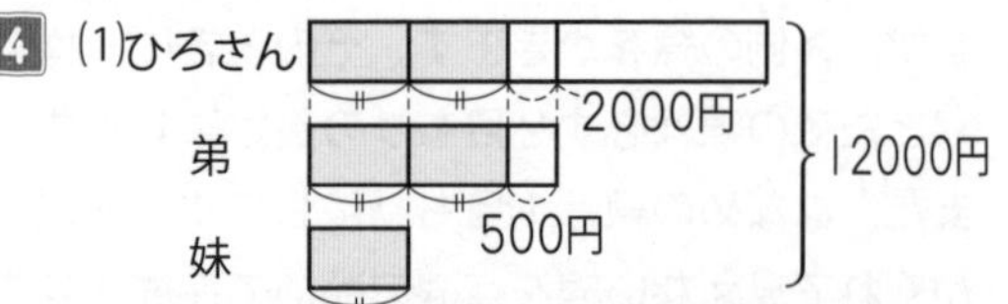

12000円から2000円と500円の2倍をひくと，妹の金がくの5倍になるので，

12000−2000−500×2=9000(円)

(2)(1)より，妹の金がくは，

9000÷5=1800(円)

弟の金がくは妹の金がくの2倍に500円をたして，

1800×2+500=3600+500=4100(円)

ひろさんの金がくは弟の金がくに2000円をたして，

4100+2000=6100(円)

●28日 56～57ページ

①1380　②640　③320　④960　⑤420
⑥210

1 220円

2 (1)220円

(2)消しゴム…110円，えん筆…80円

3 (1)480円　(2)360円

(3)箱…180円，りんご…240円，
みかん…120円

とき方

1 図より，3540円から2660円をひくと，子ども4人分の入館料になっているので，子ども1人の入館料は，

(3540−2660)÷4=880÷4=220(円)

2 (1)えん筆の本数が同じなので，810円から590円をひいた金がくです。

810−590=220(円)

(2)(1)の答えが，消しゴム2こ分の代金なので，消しゴム1この代金は，

220÷2=110(円)

えん筆6本分の代金は，

590−110=480(円)

になるので，えん筆1本の代金は，

480÷6=80(円)

3 (1)図より，2100 円から 1620 円をひいた金がくです。
2100−1620=480(円)
(2)図より，1620 円から 1260 円をひいた金がくです。
1620−1260=360(円)
(3)(1)より，りんご 1 この代金は，
480÷2=240(円)
(2)より，みかん 1 この代金は，
360÷3=120(円)
りんご 3 ことみかん 3 こと箱代で 1260 円になるので，
1260−240×3−120×3
=1260−720−360=180(円)

● 29 日 58 ～ 59 ページ

①360　②120　③240

1 (1)720，子ども 4 人分…720 円
(2)おとな…540 円，子ども…180 円

2 まりさん…2 kg，こずえさん…10 kg

3 (1)①ゆりさん　②姉　③ 49
(2)7 倍
(3)姉…28 まい，ゆりさん…14 まい，
弟…7 まい

4 (1)1200 円
(2)2300 円

とき方

1 (1)図から，720 円が子ども 4 人分の入館料になります。
(2)(1)の答えが子ども 4 人分の入館料なので，子ども 1 人の入館料は，
720÷4=180(円)
おとな 1 人の入館料は子ども 1 人の入館料の 3 倍になるので，
180×3=540(円)

2 まりさん　こずえさん　12kg

上の図より，まりさんのもらう分の 6 倍が 12 kg になるので，まりさんのもらう分は，
12÷6=2(kg)
こずえさんのもらう分は，まりさんのもらう分の 5 倍なので，
2×5=10(kg)

3 (1)問題文から，ゆりさんは弟の 2 倍のまい数なので，図の空らん①はゆりさんになります。また，図の空らん②は姉になります。
(2)図から，49 まいは弟のまい数の 7 倍になっています。
(3)(2)から，弟のまい数は，
49÷7=7(まい)
ゆりさんのまい数は，弟のまい数の 2 倍なので，
7×2=14(まい)
姉のまい数は，ゆりさんのまい数の 2 倍なので，
14×2=28(まい)

4 (1)図のようになると，かおりさんの持っているお金が，まなさんの持っているお金の 3 倍になります。
2 人のお金の合計の 6000 円は，まなさんのお金の 4 倍になっているので，まなさんの持っているお金は，
6000÷4=1500(円)
まなさんは最初(さいしょ) 2700 円持っていたので，まなさんがかおりさんにわたすお金は，
2700−1500=1200(円)
(2)(1)と同じように考えます。
6000 円はかおりさんの持っているお金の 6 倍になっているので，かおりさんの持っているお金は，
6000÷6=1000(円)
かおりさんは最初 3300 円持っていたので，かおりさんがまなさんにわたすお金は，
3300−1000=2300(円)

● 30 日 60 ～ 61 ページ

❶ (1)7 m　(2)赤…14 m，青…21 m

❷ 25 m

❸ (1)6　(2) A…92，B…78，C…84

❹ (1) 1950 円　(2) 1710 円
(3)りんご…85 円，もも…120 円

❺ 13 時間 5 分

❻ (1)84 人
(2) 1 組…35 人，2 組…30 人，3 組…28 人

とき方

❶
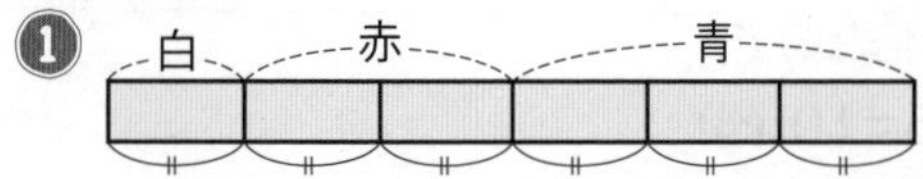

(1)上の図より，赤の長さと白の長さの差は，白の長さになっているので，7mになります。

(2)赤は白の２倍の長さなので，7×2=14(m)
同じように，青は白の３倍の長さなので，
7×3=21(m)

❷ たてと横の長さの和は，
88÷2=44(m)
なので，右上の図より，44−6=38(m) が横の長さの２倍になっています。横の長さは，
38÷2=19(m)
これより，たての長さは，
19+6=25(m)

❸ (1) AからBをひいた差は 14，AからCをひいた差は８なので，BとCの差は，14−8=6 になります。

(2)右の図のようになるので，162から6をひいたものは，Bの２倍になっています。
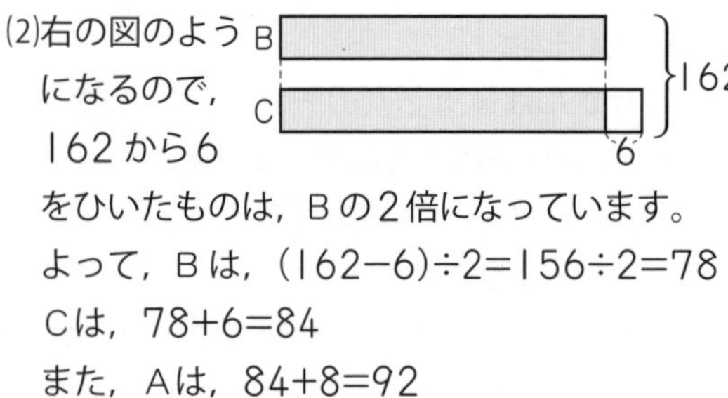

よって，Bは，(162−6)÷2=156÷2=78
Cは，78+6=84
また，Aは，84+8=92

❹ (1)りんご２こともも４こで，代金は 650 円なので，これを１組として３組買うと，りんご６こともも 12 こで，代金は，
650×3=1950(円)

(2)りんご３こともも５こで，代金は 855 円なので，これを１組として２組買うと，りんご６こともも 10 こで，代金は，
855×2=1710(円)

(3)(1)の答えと(2)の答えの差は，もも２こ分になっているので，もも１この代金は，
(1950−1710)÷2=240÷2=120(円)
りんご２こともも４こで，代金は 650 円になるので，りんご１この代金は，
(650−120×4)÷2=(650−480)÷2
=170÷2=85(円)

❺ １日は 24 時間なので，次の図のようになります。
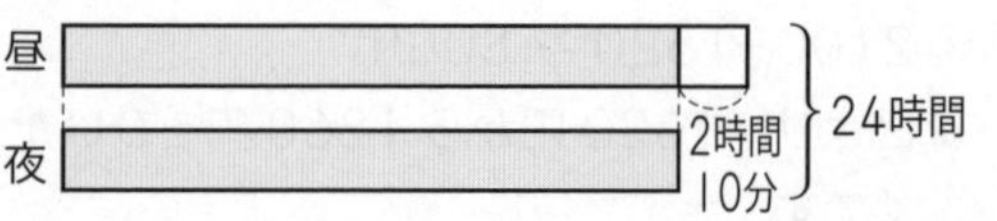

24 時間から２時間 10 分をひいた残りが，夜の長さの２倍になっています。夜の長さは，21 時間 50 分を２でわって，10 時間 55 分になります。これに２時間 10 分をたして，昼の長さは，13 時間５分になります。

❻ (1)
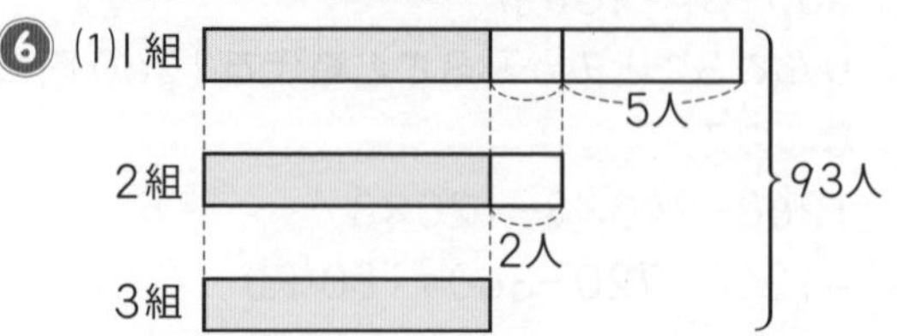

上の図から，93 から５と２の２倍をひいた児童数が，３組の児童数の３倍になっているので，
93−5−2×2=84(人)

(2)(1)より，３組の児童数は，84÷3=28(人)
これに２人をたして，２組の児童数は，
28+2=30(人)
また，これに５人をたして，１組の児童数は，
30+5=35(人)

●進級テスト 62～64 ページ

❶ 77 cm²

❷ (1) 216 cm²　(2) 112 cm²

❸ (1)点ア…(6, 2, 0), 点イ…(3, 5, 3)

(2)

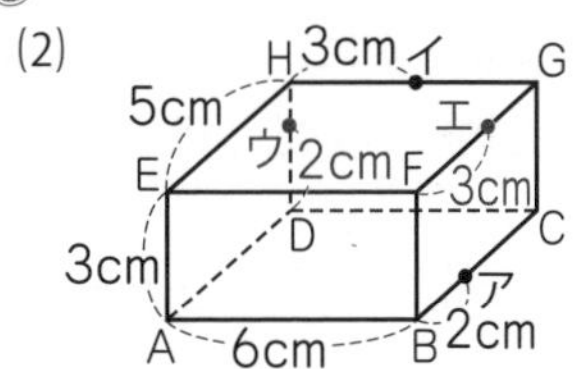

❹ $4\frac{2}{4}$ m

❺ 消しゴム…120 円, えん筆…75 円

❻ (1)□=18−2×○　(2)9 分後

(3)下の図

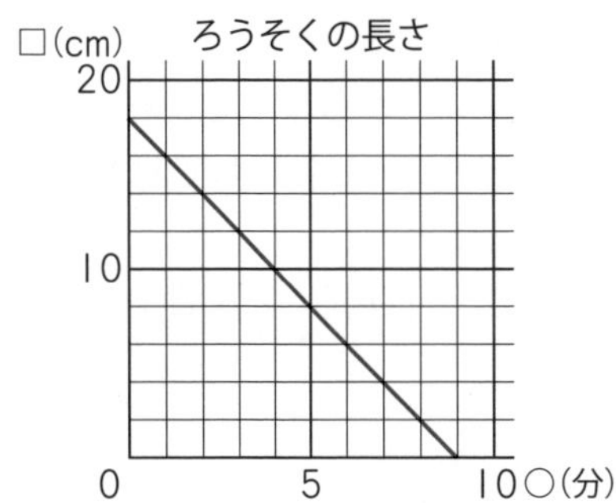

❼ A…96 cm, B…132 cm, C…72 cm

❽ 6 本

❾ (1)面㋔　(2)辺Aあ, 辺きく

❿ およそ 23 万 km²

⓫ 48.75 cm

⓬ およそ 27 L

とき方

❶ ㋓と㋔と㋕が 3 つならんでいるので, ㋒の 1 辺の長さは 3 cm とわかります。これらから㋑の 1 辺の長さは 4 cm とわかり, ㋒と㋑のならび方から, ㋐の 1 辺の長さは 7 cm とわかります。これらより, もとの長方形のたての長さは 7 cm, 横の長さは 11 cm になるので, 面積は,
7×11=77(cm²)

❷ (1) 1 辺の長さが 18 cm の正方形から 1 辺の長さが 6 cm の正方形 3 つ分をひいて求めます。

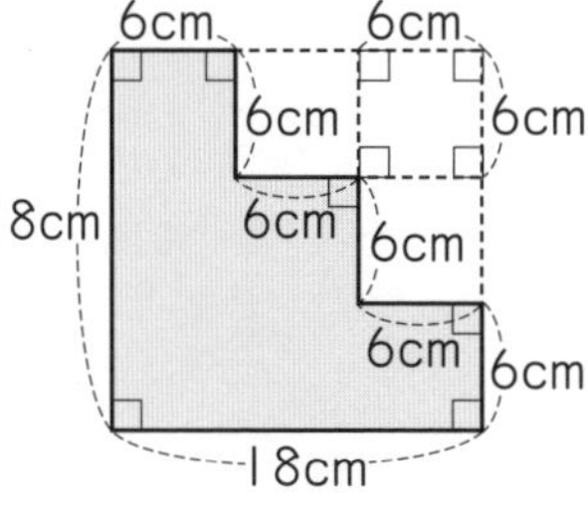
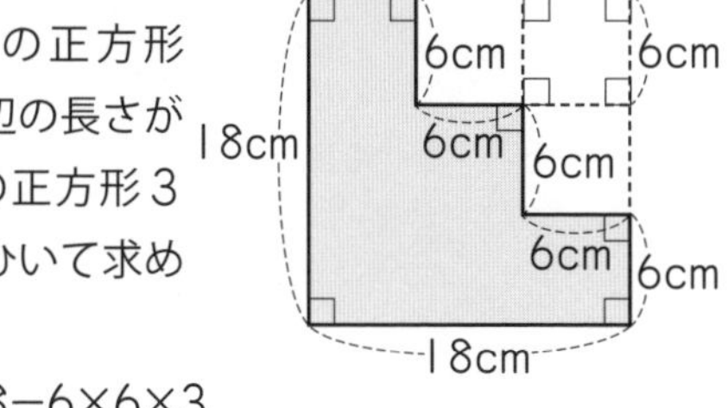

18×18−6×6×3
=324−108=216(cm²)

別解　1 辺の長さが 6 cm の正方形が 6 つあると考えて,
6×6×6
=216(cm²)

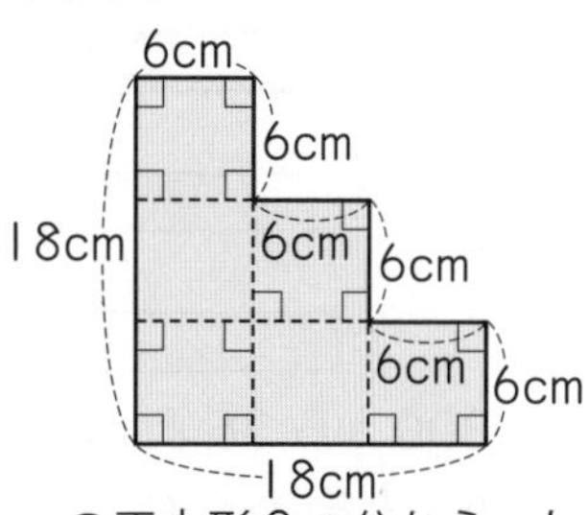

(2) 1 辺の長さが 8 cm の正方形 2 つ分から, たて 4 cm, 横 2 cm の長方形 2 つ分の面積をひいて,
8×8×2−4×2×2=128−16=112(cm²)

❸ (1)点アは, 点Aから横に 6 cm, たてに 2 cm, 高さ 0 cm の位置にあるので, (6, 2, 0)と表せます。同じように考えると, 点イは, (3, 5, 3)と表せます。

(2)点ウは, 点Aから横に 0 cm, たてに 5 cm, 高さ 2 cm の位置にあります。同じように考えると, 点エは, 点Aから横に 6 cm, たてに 3 cm, 高さ 3 cm の位置にあります。

❹ $2\frac{3}{4}+1\frac{3}{4}=3\frac{6}{4}=4\frac{2}{4}$(m)

❺ 消しゴム 1 ことえん筆 3 本で 345 円なので, これを 1 組として 2 組買って, 消しゴム 2 ことえん筆 6 本で, 345×2 = 690(円)
また, 消しゴム 2 ことえん筆 4 本で 540 円なので, えん筆 2 本のねだんは, 690 円から 540 円をひいて求めることができます。
よって, えん筆 1 本のねだんは,
(690−540)÷2=150÷2=75(円)
消しゴム 1 ことえん筆 3 本で 345 円なので, 消しゴム 1 このねだんは,
345−75×3=345−225=120(円)
になります。

❻ (1)表より, 1 分間に 2 cm ずつ短くなっているので, ○分後のろうそくの長さは,
□=18−2×○ と表せます。

(2)(1)の答えの式で, □が 0 のとき,
0=18−2×○ より, 2×○=18　○=18÷2
○=9 より, 答えは 9 分後です。

❼ 図をかいて考えます。（単位(たんい)は cm）

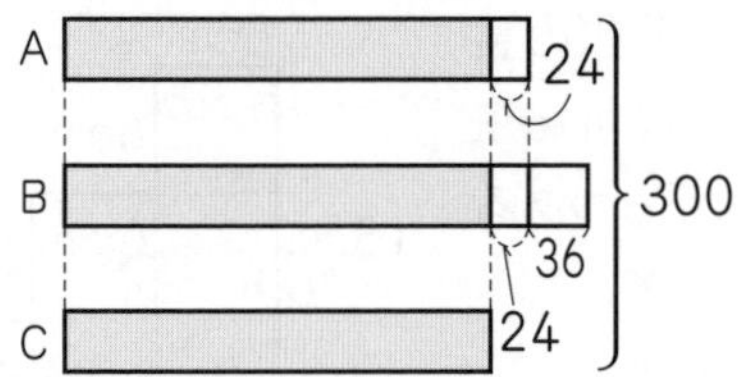

300 から 36 と 24 の 2 倍をひくと，C の 3 倍になるので，C の長さは，

(300−36−24×2)÷3=(300−36−48)÷3

=216÷3=72(cm)

これより A は，72+24=96(cm)，

B は，96+36=132(cm)

❽ 7.4 m の赤いリボンからは，

7.4÷2=3 あまり 1.4

なので，3 本とれます。

また，6.2 m の白いリボンからは，

6.2÷2=3 あまり 0.2

なので，3 本とれます。

よって，答えは，3+3=6(本)

❾ (1)直方体では，平行な面は形も大きさも同じになっているので，面㋑と形も大きさも同じになっている面を選びます。

(2)頂点(ちょうてん) E は，てん開図では頂点あになるので，辺 AE は辺 A あになります。次に，てん開図を組み立てると，辺 A あと重なる辺は，辺きくになります。

❿ 計算する前に千の位を四捨五入(ししゃごにゅう)しておきます。

388536→390000，156215→160000

390000−160000=230000(km²)

がい数で答えるときは，答えに「およそ」をつけます。

⓫ 3.9 m=390 cm より，

390÷8=48.75(cm)

⓬ 計算する前に上から 3 けた目を四捨五入して，上から 2 けたのがい数にしておきます。

183→180

150×180÷1000=27000÷1000=27(L)

メモ

メモ